엄마는 북극 출장 중

엄마는 북극 출장 중

한 여성 과학자의 분투기

초판 1쇄 발행일 2019년 10월 11일　　**초판 2쇄 발행일** 2021년 4월 30일

지은이 이유경

펴낸이 박재환 | **편집** 유은재 | **관리** 조영란

펴낸곳 에코리브르 | **주소** 서울시 마포구 동교로 15길 34 3층(04003) | **전화** 702-2530 | **팩스** 702-2532

이메일 ecolivres@hanmail.net | **블로그** http://blog.naver.com/ecolivres

출판등록 2001년 5월 7일 제10-2147호

종이 세종페이퍼 | **인쇄·제본** 상지사 P&B

ISBN 978-89-6263-198-2 03400

책값은 뒤표지에 있습니다.　　잘못된 책은 구입한 곳에서 바꿔드립니다.

엄마는 북극 출장 중

한 여성 과학자의 분투기

이유경 지음

에코리브르

자녀를 믿고 그들의 선택을 지지해주신,

그리고 정직하고 부지런하게 살고자 애써오신

사랑하는 부모님께.

차례

1부 과학자 되기

2부 과학 하기

1부

과학자 되기

그건 과학반에서 시작되었다

처음부터 과학자가 되려고 했던 것은 아니다. 초등학교 때는 그냥 아이들과 동네 골목에서 뛰어놀고 집에서도 빈둥거렸다. 중학생이 될 때도 무슨 꿈이나 기대가 없었다. 그저 교복을 입고 수업 시간마다 선생님이 바뀌는 것, 버스를 타고 학교에 간다는 게 새로운 정도였다. 그런데 중학교 과학 시간에 선생님의 권유로 과학반에 들어갔다. 그 뒤에 음악 선생님이 내 목소리가 딱 엘토라며 합창반을 권하셨는데, 이미 과학반을 선택한 후라 포기했다. 만약 음악 시간이 먼저 있었다면 나의 인생이 바뀌었을지도 모른다.

실험실에서는 독특한 냄새가 났다. 다른 어디에서도 맡아보지 못한 냄새였다. 향기로운 건 아니지만 그렇다고 역겹지도 않았다. 선반에 가지런히 놓인 화학 물질이 그 냄새의 출처였다. 과학실 문을 열면 풍겨 나오는 그 냄새는 뭔가 사람을 잡아끌었다. 원래 동아리는 일주일에 한 번만 모이는데, 과학반은 매일 수업이 끝나면 과학실로 가서 실험을 했다. 당시 학생들이 과학 실험을 하는 일은 드물었다. 1년에 한두 번 할까 말까. 그런데 과학반 동아리는 중학교 교과서에 나오는 실험을 처음부터 끝까지 모두 다 했다. 그것도 여러 번 반복해서. 과학 실험 대회를 준비하기 위해서였다.

하루는 과학 시험을 보던 중 문제 하나에 당황했다. '조개는 몇 심방 몇 심실인가?' 하는 질문이었다. 보기로 주어진 4개 중 하나를 고르면 되는데, 아무리 생각해도 조개에는 심장이 있을 것 같지 않았다. 조개에서 붉은 피를 본 적이 없기 때문이다. 한참 고민하다가 '⑤ 조개는 심장이 없다'고 썼다. 당연히 틀렸다. 선생님은 잘 모르면 그냥 아무거나 고르지 그랬냐고 하셨다. 아무거나 찍을 걸 그때 내가 왜 그랬을까?

중 2 때였던 것 같다. 과학 시간에 선생님이 "모든 물질은 원자로 이루어져 있다. 원자가 기본!"이라고 하더니 얼마 뒤에는 "모든 생물은 세포로 이루어져 있다. 세포가 기본 단위"라고 하셨다. 갑자기 궁금해졌다. '그럼 원자와 세포는 어떤 관계지?' 수업이 끝나자마자 선생님을 쫓아가서 물었다. "저 선생님, 세포랑 원자 중에서 어느 게 더 큰가요?" 지금 생각하면 말도 안 되는 황당한 질문이었지만, 당시에 나는 정말로 궁금했고 또 진지했다. 다행히 선생님은 이런 엉뚱한 질문도 잘 받아주셨다. 원자가 모여 분자가 되고 분자가 모여 세포를 이룬다. 나에게는 물리학과 생물학의 첫 만남이었다.

한 번은 사회 시간에 선생님이 우리나라 지도를 걸어놓고 강이 어떻게 흐르는지 설명했다. 그때 남쪽에서 북쪽으로 흘러가는 강을 보고 혼란에 빠졌다. 그래서 "선생님, 강물이 왜 위로 흐르나요? 물은 아래로 흘러야 하는 게 아닌가요?"라고 질문했다. 그때 선생님이 뭐라고 답하셨는지는 기억나지 않지만, 나한테 '바보 같은 질문'이라고 하지 않았던 것은 확실하다. 물은 높은 곳에서 낮은 곳으로 흐른다. 그런데 나는 지도 속의 강과 실제 강을 구분하지 못했다. 강은 지도에서도 위에서 아래로 흘러야 한다고 생각했던 것이다.

궁금한 건 집에도 있었다. 양치질을 하고 뱉은 물이 얼굴에 튀면 찝찝했다. 물이 바닥에 떨어지면 작은 방울로 쪼개져서 다시 튀어 올랐다. 그런데 이 물방울이 처음 떨어뜨린 곳보다 더 높게 튀어 오르는 것 같았다. 공을 손에서 그냥 놓으면 처음보다 낮은 곳까지 올라온다. 하지만 힘을 주어 땅에 던지면 더 높이 올라간다. 양치질을 하고 나서 물을 뱉을 때 입에 힘을 주는 것도 아닌데, 물은 왜 얼굴까지 튀어 오르는 건지 궁금했다. 물이 계속 방울로 쪼개지다 보면 얼마나 작은 크기까지 나뉠 수 있을까? 이것도 궁금했다.

이런 엉뚱하고 말도 안 되는 질문을 자유롭게 할 수 있는 것이 나에게는 과학자의 첫걸음이었다. 어릴 때 어떻게 선생님 눈치 보지 않고 겁 없이 질문할 수 있었을까? 어쩌면 첫 질문에 성공한 경험 때문이었는지도 모른다. 초등학교 저학년 시험에 '맛있다'를 소리 나는 대로 쓴 것을 찾으라는 문제가 나왔다. 나는 '마시따'를 골랐는데 정답은 '마디따'였다. 선생님을 찾아가 말씀드렸다. "저는 '마시따'라고 하는데요? '마디따'라는 말은 들어본 적이 없어요." 선생님은 다른 선생님들과 회의를 한 뒤에 둘 다 맞는 답으로 처리해주셨다. 친절한 선생님들 덕분에 질문하는 걸 힘들거나 어렵게 여기지 않았던 것 같다.

어쩌면 과학자의 꿈은 TV에서 시작되었는지도 모른다. 중학교에 입학하기 전 겨울, TV에서 어떤 아저씨가 사과를 들고 뭔가 이야기하는 것을 보았다. 아저씨는 2차원의 세계에서는 사과가 바닥에 접한 부분만 볼 수 있다고 했다. 그건 〈코스모스〉라는 과학 다큐멘터리였고, 그 아저씨는 저 유명한 천문학자 칼 세이건(Carl Sagan)이었다. 뭔가에 홀린 듯 TV를 보았고, 광활한 우주가 내 인생으로 들어왔다.

과학에 관심을 갖게 된 데에는 책도 한몫을 했다. 중학교 인근에 중고 서점이 있었는데, 거기서 청소년을 위한 과학 잡지 〈학생과학〉을 만났다. 〈학생과학〉은 과학반에서조차 배우지 못한 새로운 이야기로 가득 차 있었다. 한 권 두 권 〈학생과학〉을 모으며 아폴로 달 탐사와 알쏭달쏭한 블랙홀 이야기가 차곡차곡 내 속에 쌓여갔다.

고등학교 때는 다른 학교와 달리 야간 자율 학습이 없었다. 3학년이 되어야 비로소 학교에 남아 공부할 수 있고, 1·2학년은 수업이 끝나면 바로 집으로 가야 했다. 집에 가도 특별히 할 일이 없던 나는 성남시립도서관에서 책을 읽거나 혼자 공부를 했다. 한 번은 다윈의 《종의 기원》을 빌렸다. 무슨 말인지 거의 이해할 수 없었지만, 유명한 책이라서 그냥 끝까지 읽었다. 생물의 형태가 바뀔 수 있다는 말을 하려고 다윈이 매우 고심하며 다양한 사례를 찾았다는 정도만 기억에 남았다. 그러다 도서관에서 〈학생과학〉과는 차원이 다른 과학 잡지를 발견했다. 바로 〈뉴턴〉과 〈과학동아〉였다. 반들반들한 종이와 컬러 사진만으로도 엄청났지만, 그 내용도 아주 신선했다. 특히 유전공학에 대한 기사가 많았다. 생물의 유전자를 조작하면 박테리아로 알코올을 생산하고 담배 잎에서 의약품을 뽑아낼 수 있다는 얘기도 있었다. 마치 요즘의 AI처럼 각 시대마다 사람들의 관심을 가장 많이 받는 과학 이슈가 있는데, 1980년대 후반에는 유전공학이 그랬다.

〈뉴턴〉과 〈과학동아〉에는 컴퓨터 관련 기사도 자주 나왔는데, 방학 때 사촌 오빠 집에서 처음으로 진짜 컴퓨터를 보았다. 매킨토시였다. 조그맣고 까만 화면에 작은 선이 깜박였다. 오빠가 가르쳐주는 대로 1부터 100까지 더하기를 직접 해보았다. 베이직 프로그래밍이었다. 완전히 새로운 세계가 열리는 기분이었다. 오빠는 내게 컴퓨터나 유전공학을 배우라고 했다. 하지만 그때까지도 나는 무엇을 해야 할지 잘 몰랐다. 무엇보다 나에게는 〈학생과학〉에서 만난 첫사랑인 우주와 블랙홀이 있었다.

그 무렵 고등학교에서 과학경시대회에 나갈 후보자 명단을 교육청에 보냈는데, 나는 물리 분야에 올라가 있었다. 교육청에서 대회에 나갈 학생을 선정해 학교로 명단을 보냈다. 그런데 내 이름은 물리가 아닌 생물 분야에 있었다. 여러 명 중에서 두 명만 뽑는 것이라 최종 명단에 들지 못할 수도 있었지만 다행히 생물 분야에 뽑힌 것이다. 나는 그것을 신의 뜻으로 받아들였고, 생물학으로 진로를 정했다. 평소보다 대학 입학시험 성적이 잘 나와서 서울대를 바라보게 되었다. 그런데 서울대에는 생물학과가 없었다. 대신 동물학과, 식물학과, 미생물학과가 있었다. 유전공학이 유행할 때라 미생물학과는 의대보다 커트라인이 높아서 바라볼 수가 없었다. 그리고 동물학과에 가면 개구리나 토끼를 해부해야 할 텐데 동물을 죽이는 게 별로 내키지 않았다. 그래서 셋 중 제일 무난해 보이는 식물학과에 지원했다.

박테리아도 세포벽이 있을까

"자네 식물학과에서 뭘 하고 싶나?"

"저는 유전공학을 하고 싶습니다."

"그래? 유전공학이 뭐라고 생각하나?"

"생물의 유전자를 조작해 생명 현상을 이해하고, 사람들에게 유익한 물질을 생산하도록 만드는 학문입니다."

당시 서울대는 논술과 면접도 보았다. 대입학력고사를 본 뒤, 국어 시간에 급하게 논술을 배웠다. 국어 선생님이 강조한 글쓰기의 핵심은 전체 주제와 각 문단의 주제문을 잡고 글을 쓰라는 것이었다. 서울대 논술 문제는 '독서의 유익함에 대하여 쓰라'는 너무나 간단한 것이었고, 내용은 기억나지 않지만 유익한 점을 세 가지로 정리해서 쓰고 나왔다. 그리고 면접을 보았다. 교수님 세 분이 질문을 하는데 창밖이 너무 환해서 그랬는지 긴장이 되어 그랬는지 그분들 얼굴이 눈에 들어오지 않았다. 생물학 지식보다는 식물학과에서 무엇을 하고 싶은지 물으셨다. 나는 과학 잡지에서 읽었던 내용을 떠올리며 유전공학에 대해 답했고, 다행히 합격했다.

대학엔 담임선생님이 없고 학생들이 교실 청소를 하지도 않았다. 또한 1교시부터 7교시까지 수업으로 꽉 채워져 있지도 않았다. 수업과 수업 사이에 남는 시간이 많은데, 그때 무엇을 해야 할지 막막했다. 돌이켜보면 대학이 주는 가장 큰 선물은 자유로운 시간인데, 난 그 선물을 받을 준비가 되어 있지 않았다. 그 소중한 시간을 줄줄 흘리며 다녔다.

대학에서 가장 당황스러운 점은 생물학과 화학을 영어책으로 공부하는 것이었다. 앞으로의 전공을 위해 1학년 때부터 '영어 원서'를 보는 것이다. 강의 시간에 교수님은 '~는 ~이고 ~이다' 정도를 빼고 나머지는 거의 대부분 영어 단어를 썼다. 분명히 우리말을 듣고 있는데, 무슨 뜻인지 도무지 이해할 수가 없었다. 심지어 교과서의 어느 부분을 설명하는지조차 감을 잡을 수 없었다. 그런데 옆에 앉은 친구는 강의를 들으며 책을 척척 넘겼고, 여기저기 줄을 긋고 노트 필기도 잘 했다. 어쩌다 운 좋게 대입 시험을 잘 봐서 서울대까지 오기는 했는데, 내가 있어야 할 데가 아닌 곳에 와 있는 기분이었다. 학교 공부를 잘 따라갈 수 있을지 자신이 없고 마음이 쪼그라들기만 했다. 자꾸 똑똑하고 세련된 서울 친구들과 나를 비교하게 되고 태어나서 처음으로 열

등감이 올라왔다.

식물학과, 동물학과, 미생물학과 학생들은 주요 과목 강의를 1학년 때 함께 들었다. 생물학의 경우는 각 과에서 한 분씩 세 분의 교수님이 나눠서 강의를 했다. 아마 자기 전공에 맞는 분야를 따로 맡았던 것 같다. 그때 동물학과 하두봉 교수님이 영어 원서 읽는 방법을 알려주셨다. 교수님도 유학 가서 영어 교과서 때문에 고생했다며, 처음엔 사전을 찾지 말고 그냥 한 번 읽으라고 했다. 그런 다음 두 번째 읽을 때 꼭 필요한 단어를 찾아가며 정독하면 도움이 될 거라고 하셨다. 교수님도 힘들었다는 이야기를 들으니 마음에 위로가 되었다. 그때까지 원서 읽기는 일찌감치 포기하고 번역본에만 의지하고 있었는데, 한 번 도전이라도 해보자는 생각이 들었다. 그러나 예습은 엄두도 내지 못하고 복습조차 제대로 따라갈 수 없었다.

"생물학은 용어의 학문이다."

하두봉 교수님은 용어를 알아야 내용을 이해할 수 있다며 교과서 뒤에 있는 용어를 자주 들여다보라고 하셨다. 그래서 생물학 교과서 맨 뒤에 있는 용어 부분을 복사해서 적당한 크기로 오려 독서 카드에 붙였다. 나만의 생물학 용어집을 만든 것이다. 교과서를 읽다 전문 용어가 나오면 이 용어집에서 찾아보고 그 정확한 의미를 이해하려고 애썼다.

식물학과 홍영남 교수님은 영어 원서를 빨리 이해하는 방법으로 그림을 먼저 보라고 하셨다. 생물학은 중요한 내용을 그림으로 보여주니

그림을 잘 이해하면 본문을 읽지 않아도 된다는 것이었다. 그리고 본문에서 중요한 용어는 굵게 표시되어 있으니, 시간이 없을 때는 그것과 각 단원 뒤에 나오는 요점 정리를 보라고 하셨다. 그러고 보니 교과서의 본문은 그림을 설명하는 경우가 많았고, 본문에서 중요한 용어는 굵은 글씨로 쓰여 있었다. 비록 책의 본문을 다 읽지는 못했지만, 용어와 요점 정리를 중심으로 책을 읽다 보니 원서의 늪에서 조금씩 빠져나오는 기분이 들었다.

그러나 이런 기분과 달리 성적은 그리 좋아지지 않았다. 생물학은 그럭저럭 할 만했는데 화학은 정말 넘을 수 없는 벽이었다. 결국 3학년 여름 방학에 화학을 재수강했다. 대학에서는 한 번 공부했던 과목을 다시 들으며 성적을 올릴 기회를 주는데, 이것을 재수강이라고 한다. 물론 성적을 올리려면 이전보다 시험을 더 잘 봐야 한다. 매일 수업을 들은 뒤 화학 실험을 하고 보고서를 쓰며 더운 여름을 보냈다.

그런데 이 보고서라는 게 오리무중이었다. 어떻게 써야 하는지 모르겠는데, 아무도 쓰는 법을 가르쳐주지 않았다. 어떤 때는 A를 받고 어떤 때는 C를 받았다. 하지만 왜 그런지 알 수 없었다. 거의 비슷하게 쓴 것 같은데 옆 친구는 A를 받고 왜 나는 C를 받는지도 알 수 없었다. 그러다 대학교 3학년이 되어 생태학 실험을 들을 때 당시 대학원 학생이던 실험 조교님(현재 인하대 조강현 교수님)이 보고서 각 항목마다 꼼꼼하게 점수를 매기면서 의견을 달아줬는데, 그런 피드백을 통해 실험 보고서를 어떻게 써야 하는지 비로소 알게 되었다. 한마디로 감상이나 느낌 같은 주관적 내용은 적지 말고, 실험 내용을 숫자 같은 구체적인 정보를 담아서 객관적으로 쓰라는 것이었다. 그리고 실험 결과가 어떤 의미를 갖는지 가능한 한 많이 생각해보고 그 의미를 '고찰'하는 것이 중요했다.

이런 과정을 거치며 나도 모르는 사이에 서서히 '과학적'으로 생각하는 자세를 배웠다. 우리는 생명 현상에 대한 '합목적적' 해석을 경계하라는 말을 자주 들었다. 합목적적 해석이란 어떤 생명 현상이나 구조가 어떤 목적에 적합하게 만들어졌다고 설명하는 것이다. 예를 들어, 콧구멍이 위로 뚫리지 않고 아래로 향하는 것은 비를 맞지 않기 위해서라고 한다면 코의 구조를 합목적적으로 설명하는 것이다. "생명체는 어떤 목적에 맞게 만들어진 것이 아니다. 진화 과정을 통해 우연히 지금의 모습에 도달한 것일 뿐이다. 그러니 생명 현상을 어떤 목적에 맞춰 설명해서는 안 된다." 이런 말을 반복해서 들으며 과학자의 생각법을 조금씩 익혀갔다.

대학 강의는 절망을 안겨주기도 했지만, 때로는 생각의 폭을 넓혀주기도 했다. 1학년 생물학 시간에 박테리아 세포벽의 구조에 대해 배웠다. '고등학교 때 식물은 세포벽이 있는 반면 동물은 세포벽이 없다고 배웠는데, 지금까지 나는 왜 박테리아에 세포벽이 있는지 없는지조차 궁금해하지 않았을까?' 그동안 학교에서 주는 대로 지식을 받아먹었을 뿐 호기심과 질문을 놓쳐버린 나 자신을 발견했고, 이것은 큰 충격이었다.

그 뒤 2학년 세포학 실험 시간에 '동물과 식물 세포의 차이점을 비교하라'는 과제가 나왔다. 동물과 식물 세포의 차이는 이미 고등학교 때부터 배워서 답을 쉽게 쓸 수 있었다. 하지만 단순히 기존에 알려진 지식을 나열해서는 안 될 것 같았다. 그래서 세포한테 형태란 무엇인지 근본적인 질문을 던져보았다. 그러고 보니 내 몸을 구성하는 세포도 저마다 그 생김새가 달랐다. 신경세포는 세포 한쪽이 길게 늘어나 다음 세포한테 신호를 전달하는 데 쓰인다. 근육세포는 수축이 가능한 단백질로 가득 차 있다. 적혈구와 백혈구, 혈소판은 모두 혈액에 들어 있는 세포이지만 각기 모양이 다르다. 뼈를 구성하는 뼈세포에는 칼슘과 마그네슘이 달라붙어서 세포가 단단해진다. 이처럼 세포는 각각 자기 자리에 맞는 다양한 모양을 갖고 있다. 어쩌면 동물과 식물 세포의 차이보다 하나의 생물체 안에 있는 세포들 간의 차이가 더 클 수도 있다. 결국 중요한 점은 각각의 세포가 저마다 자기의 기능에 맞는 다른 구조를 갖고 있다는 것이다. 나는 세포학 보고서를 이런 내용으로 마무리했다. 배운다는 것은 기존의 지식을 쓸어 모으는 게 아니라 기존과 다르게 생각하는 힘을 키우는 것이라는 걸 이때 깨달았다.

해조류가 궁금해졌다

식물학과는 1학년부터 4학년이 모두 모여 1년에 두 번 채집 여행을 갔다. 여기에는 학부생뿐만 아니라 일부 대학원생과 교수님도 함께했다. 봄에는 산에서 식물을, 가을에는 바다에서 해조류를 채집했다. 채집 여행은 산과 바다에서 살아 있는 생물을 직접 접하고, 평소에 만나기 힘든 선후배가 한자리에 모이는 기회였다. 교수님께 수업 이외의 이야기를 들을 수 있는 자리이기도 했다. 채집 여행은 학부생들이 사전 답사를 하고, 버스를 대절하고, 식당을 예약하고, 필요한 부식을 구입했다. 식물학과 티셔츠(일명 '과티')를 제작하기도 했는데, 과티에 그것을 제작한 학번의 특성이 드러나기도 했다. 분홍색 티셔츠를 만들어서 남자 선배들에게 비난을 받은 학번도 있고, 티셔츠에 생물학 책 표지인 호랑이 사진을 인쇄해 엄청난 호응을 얻은 학번도 있다. 이렇게 직접 행사를 준비하고 치르면서 우리는 사회생활을 배웠다. 약간 바뀌긴 했지만 지금도 서울대 생명과학부에서는 채집 여행을 계속하고 있다.

전공을 시작하는 2학년은 이때 채집한 식물과 해조류를 표본으로 만들어 과제물로 제출했다. 생물학에서 역사가 가장 오래되고 학문의 기본인 분류학을 이렇게 배우는 것이다. 3학년은 채집 여행 행사를 직접 준비하고, 4학년과 대학원생은 그동안의 경험을 바탕으로 2학년의 채집과 3학년의 행사 준비를 돕는다. 그럼 1학년은? 2학년을 따라다니며 식물 이름을 익히고 채집과 표본 제작을 거든다. 1학년 때는 선배 이름을 외우는 것도 버거운데 거기에 식물 이름까지 익히다 보면 하루가 어떻게 지나는지도 모를 정도다.

신입생에게 2학년은 하늘 같은 존재다. 입학하자마자 가장 먼저 신입생 환영회를 하며 선배의 존재를 알려주는 것도 2학년이고, 학교 구석구석을 끌고 다니며 식당과 강의실 위치를 알려주는 것도 2학년이다. 게다가 식물학과 2학년 선배들은 교정에 있는 나무 이름도 줄줄 꿰고 있었다. "이건 느티나무고, 저건 벚나무야. 아, 여기 이건 무궁화지." 3월이라 아직 잎도 제대로 나오지 않은 나무를 보며 척척 이름을 대는 선배들이 정말 대단해 보였다. 물론 그다음 해 3월에는 나 역시 신입생들을 끌고 다니며 한 줌도 되지 않는 지식을 최대한 방출했다. 그런데 그 신입생 중에 엄청난 식물 '덕후'가 있었다. 가족들이 함께 식물도감을 보며 식물 이름 맞추기를 했다는 후배였다. 채집 여행에서

1학년이 퀴즈 대회를 준비했는데 그 후배는 "비가 올까봐 항상 걱정하는 식물은?" 이런 종류의 질문을 냈다. "네. 정답은 제비꽃! 왜냐하면 제비꽃의 속명이 비올라(*Viola*)이니까요." 이 후배 덕분에 선배의 위엄은 바로 꺾였다. 솔직히 말하자면 막상 2학년이 되어도 나는 아는 게 별로 없는 학생에 불과했다. 신입생 때는 2학년이 그렇게 대단해 보였는데, 정작 내가 2학년이 되어보니 여전히 공부는 버겁고 사람들 사귀는 것은 공부보다 더 어려웠다. 이대로 가다가는 대학 생활이 실패로 끝날 거라는 두려움이 발목을 잡았다.

이런 두려움과 상관없이 나는 식물 표본을 만들어야 했다.

"이건 꽃대 윗부분이 말린다고 해서 이름이 꽃마리. 열매가 길쭉한 이건 황새냉이고, 열매가 삼각형이면 그냥 냉이야. 여기, 보라색으로 핀 건 제비꽃이고."

관악산을 올라가며 실험 조교님이 길가에 핀 꽃을 알려주었다. 평소에 걸어 다닐 때는 보이지 않던 작은 식물들이 비로소 눈에 들어오기 시작했다. 집이 산 옆 자락에 있어서 식물이 낯설지는 않았지만, 그렇게 다양한 종류가 있는 줄은 미처 몰랐다.

"달걀 프라이처럼 바깥은 흰색, 안쪽은 노란색인 이건 개망초. 꽃이 없을 때는 느티나무와 벚나무가 비슷해 보이는데, 느티나무는 잎자루 쪽이 잎맥을 중심으로 짝짝이고, 벚나무는 느티나무보다 잎 가장자리 톱니바퀴가 더 작아. 왕벚나무는 잎자루에 꿀샘이 2개 붙어 있고."

2학기에는 바닷가로 채집 여행을 갔는데, 거기서 바닷가 웅덩이를 처음 보았다. 팔을 벌리면 한 아름에 들어갈 정도로 조그만 물웅덩이에도 말미잘과 삿갓조개, 아주 조그만 해조류가 붙어 있었다. 물컹물컹한 말미잘을 톡 치면 쏙 오므리는 것이 재미있고, 말랑말랑하고 매끈매끈한 해조류가 손끝에 닿을 때 전해지는 느낌이 신기했다.

해조류는 모래사장에서는 자라지 못한다. 단단한 바위가 있어야 그 위에 터를 잡고 자란다. 바닷가 바위는 대개 미끈거린다. 이 미끈거림의 실체는 박테리아다. 박테리아는 수시로 몰려오는 파도에 쓸려나가지 않으려고 서로의 몸을 잇대어 얇은 막을 이룬다. 그러고는 끈적끈적한 물질을 세포 밖으로 내보내 자기 무리를 감싸서 보호하는데, 이것을 우리는 바이오필름이라고 부른다. 바이오필름은 다른 생물이 자리 잡기에 좋은 바닥이 된다. 물속을 떠다니던 수많은 생물의 포자와 알이 이 끈적끈적한 물질에 붙어서 성장한다. 해조류 포자도 바이오필름 위에 꼭 달라붙어 일생을 시작한다. 파도에 밀려 이리저리 흔들리는 바닷물 속에서 바위에 달라붙어 세포 분열을 하고 형태를 잡아가는 것이다. 이 와중에 햇빛을 영양분으로 바꾸는 화학 반응도 쉬지 않는다. 바위에 붙은 홍합은 접착제처럼 단단한 물질을 분비해서 웬만한 힘으로는 뗄 수 없게 만들기도 한다. 게다가 이 물질은 물속에서도 접착력을 유지한다. 그래서 어떤 과학자는 찢어진 상처를 꿰매지 않고 종이를 풀로 붙이듯 피부를 서로 붙이는 데 이 홍합 단백질을 사용하기도 한다. 의료용 생체 접착제인 셈이다.

해조류 표본을 만들기 위해 우리는 물이 빠진 바닷가 바위 위를 돌아다녔다. 낚시 장화를 신거나 그냥 옷을 적시며 물이 허리 정도 차는 해안을 헤집기도 했다. 일부 대학원생은 스킨스쿠버를 하며 해안가에서는 보기 힘든 다양한 해조류를 채집했다. 채집을 마치면 숙소로 돌아와 바닷물과 채집물이 든 비닐봉지에 포르말린을 적당히 부어 해조류를 고정시켰다. 이렇게 하지 않으면 해조류가 물컹물컹해지면서 썩기 시작한다.

채집 여행이 끝나면 우리는 실험실로 돌아가 흐르는 수돗물에 포르말린을 씻어낸 뒤 해조류 각각의 이름을 찾고 표본을 만들었다. 식물이나 해조류 이름을 꽤 잘 찾는 친구들도 있었지만 나는 서투르기만 했다. 사람 얼굴도 잘 구분하지 못할 때가 있어서 혹시 '형태 인식 장애'가 있는 것은 아닐까 혼자 진단하기도 했다. 이 작업은 생각보다 오래 걸려서 정해진 시간 외에도 틈틈이 실험실을 찾아가 표본을 매만졌다.

실습 시간에는 실험 조교에게 각각의 식물이나 해조류에 얽힌 이야기를 듣기도 했다. 신기하게도 이런 뒷이야기를 듣고 나면 그 생물이 오래전부터 알았던 것처럼 친숙해지고 생김새가 구분되기 시작했다.

"김은 네모난 모양이 아니야. 이렇게 길쭉하거나 넓적해. 김은 사실 하나의 종이 아니라 수십 개의 종이 들어 있는 속(Genus) 이름이야. 김속(*Porphyra*)에는 양식해서 먹는 참김과 방사무늬돌김이 있고, 자연산 김이라고 하는 둥근돌김이나 긴잎돌김도 있어. 김은 염색체가 한 벌인 n세대인데, 염색체가 두 벌인 2n세대 식물은 아주 작아서 눈에 잘 보이지 않아. 이 2n세대는 살아 있는 굴이나 조개의 껍데기를 파고 들어가 그 안에서 실 모양으로 자라지. 여기서 무더운 여름을 보낸 뒤, 가을이 되면 감수 분열을 해서 포자를 방출하는 거야. 우리가 먹을 수 있는 김은 온도가 높아지면 녹아내려. 김은 이렇게 조개 속에서 위험한 여름을 넘기는 거지. 파래무침을 해 먹는 파래도 한 종만 있는 게 아니야. 세상에는 수십 종의 파래가 있는데, 크게 갈파래(*Ulba*)와 홑파래(*Monostroma*)로 나눠. 파래를 얇게 저며서 현미경으로 보면 홑파래는 몸 전체가 한 층의 세포로 이루어져 있는 데 반해, 갈파래는 두 층으로 되어 있어. 물에 펼쳐놓고 봐도 홑파래는 갈파래보다 색이 연하고 좀 더 흐물흐물해. 매생이도 파래랑 비슷해 보이는데, 이건 또 다른 매생이속이야."

임해 실습(臨海實習) 시간에는 표본을 만드는 것 외에 해조류를 직접 키우는 실험도 했다. 대학원 선배님들이 실험용으로 키우던 홍조류를 일부 분양받았는데 정말 너무너무 예뻤다. 그중 비단잘록이라는 홍조류는 하나의 세포에 핵이 수십 개에서 수백 개까지 있고, 크기가 제법 커서 맨눈으로 세포가 보일 정도였다. 원래 크기보다 10배 정도 확대되는 해부현미경으로 이 홍조류들을 관찰하면 세포 하나하나가 매력 있어 보였다. 우리는 가느다란 붓으로 세포에 묻은 먼지와 미생물을 조심스럽게 떨어내고 깨끗한 바닷물(불순물을 걸러내고 높은 온도와 압력으로 멸균까지 했다)로 갈아주었다. 새로운 세포가 하나둘 나오는 걸 보면 마음이 뿌듯했다. 어느 날 이 조그만 생명체는 수줍은 듯이 생식세포를 만들기 시작했다. 나는 조심스럽게 커버글라스(현미경으로 관찰할 프레파라트를 만들 때 덮개용으로 쓰는 아주 얇은 유리판)를 홍조류 밑에 깔아 이들이 떨어뜨린 포자를 받았다. 포자는 느리지만 조금씩 성장해 드디어 세포분열을 시작했다. 살아서 자손을 남기려는 생명의 위대한 본성에 빠져들 무렵 한 학기가 끝났다. 이대로 홍조류와 헤어지기 싫어서 교수님을 찾아가 홍조류를 계속 키우고 싶다고 말씀드렸다. 교수님은 그러라고 하셨다.

외국인 교수님들을 통해 더 큰 세상을 만나다

방학을 보내고 3학년이 되자 홍조류를 키우는 설렘은 수그러들었고, 바닷물도 자주 갈아주지 못했다. 홍조류 입장에서는 환경이 지저분해지고 영양분이 줄어드는 상황이었을 것이다. 그래서였을까? 비단잘록이한테 이상 현상이 나타났다. 분명히 암배우체였는데, 가지 하나가 수배우체로 바뀌었다. 암수한몸이 된 것이다. '도대체 얘네들은 암수가 어떻게 결정되는 거지?' 예쁜 홍조류의 성생활이 궁금해졌다.

나의 지도 교수는 우리나라의 조류학을 개척한 이인규 교수님이시다. 이분이 대학 4학년 때 서울대 생물학과가 동물학과와 식물학과로 분리되었고, 교수님은 식물학과 최초의 졸업생이 되셨다. 교수님은 해조류 분류학 분야에서 세계적으로 유명한 일본 홋카이도 대학에서 박사 학위를 받고, 서울대에서 외눈박이 현미경 하나를 놓고 실험실을 운영하기 시작했다고 한다. 교수님은 학생들에게 "변해야 산다"고 하셨다. 학문의 세계는 끊임없이 발전해서 새로운 지식과 연구 방법이 나오고 있다. 이것을 따라가며 계속 발전하고 변해야 한다는 것이다. 교수님 자신도 교수로 부임한 뒤 처음 10년 동안은 현미경 하나뿐인 실험실에서 고전적인 분류학 연구를 시작했지만, 두 번째 10년은 실험실에 배양 시설을 갖추고 해조류를 키우며 이들의 생활사를 분류학에 도입했다. 세 번째 10년은 단백질 효소와 DNA 유전자를 종의 분류에 도입했다. 물론 직접 실험하는 것은 대학원생들이지만, 교수님께서 새로운 방향을 제시하고 연구비를 지원하며 대한민국 해조류 분류학의 역사를 계속 발전시켰다. 우리 연구실에서만 30명 넘는 박사가 나왔는데, 이분들이 전국 곳곳의 대학과 연구 기관에서 학생들을 가르치거나 연구에 전념하고 있다. 이인규 교수님은 대한민국 과학자 중 뛰어난 극소수만 들어간다는 한국과학기술한림원 회원이기도 하다. 한림원 회원 명부에 기록된 교수님의 연구 분야 중 '상처 재생 기작에 대한 세포유전학적 연구에 의한 성분화 이론 정립'이 내가 수행한 연구다.

내가 대학 3학년 때 일이다. 이인규 교수님이 외국인 교수님을 초청했다. 고프(Lynda J. Goff) 박사와 콜먼(Annette W. Coleman) 박사였는데, 이들은 생물의 DNA 양을 알아내는 방법을 개발했다. DAPI(진짜 이름은 무척 길고 복잡하다)라는 형광 물질은 DNA 사이에 끼어 들어간다. 고프 박사와 콜먼 박사는 DAPI로 꽃가루를 염색한 뒤 꽃가루가 발아하는 과정에서 DNA 양이 변하는 것을 측정했다. 핵을 염색할 수 있다는 것이 흥미로웠다.

4학년 여름 방학 때는 일본 고베 대학교의 계절 학기에 참여했다. 교수님이 주신 기차표와 배표를 들고 혼자 길을 나섰다. 지금 엄마가 되어 생각하니 당시 일본으로 딸자식을 혼자 떠나보낸 부모님께 용기가 필요했을 것 같다. 부산까지 새마을호 열차를 타고 내려가서, 다시 페리호에 승선해 일본 히로시마에 도착했다. 히로시마에서 고베까지는 신칸센을 이용했는데, 신칸센은 새마을호와 비교가 되지 않을 정도로 고급스럽고 빨랐다. 기차 안에서 도시락을 사 먹었다. 깨끗한 기차만큼이나 깔끔한 도시락이었다. 처음 본 차창 밖 일본 풍경은 우리나라와 비슷한 듯 다른 모습이었다. 목적지에 도착하니 어느 노신사께서 내 이름을 쓴 종이를 들고 서 계셨다. 고베 대학의 에노모토 교수님이었다. 에노모토 교수님은 이인규 교수님과 친구였고, 고베 대학에서 여름 방학에 개설하는 해조류 실험을 담당했다. 두 분이 상의해서 한국 대학생을 이 실험에 참여시키기로 했는데, 연구실을 출입하는 유일한 대학생이던 내가 자연스럽게 뽑힌 것이다.

실험은 고베에서도 배를 타고 들어가는 어느 섬에서 이루어졌다. 여기에 참여하는 학생들은 바다를 사랑하는 것 같았다. 모두가 수영이나 스쿠버를 했고, 자맥질을 해서 해조류를 따왔다. 그중 한 남학생은 반찬으로 나온 조기를 머리까지 전부 먹었다. 정말 가시 하나도 남기지 않았다. 일본어로 하는 강의는 알아들을 수 없었지만, 실험은 다른 학생들이 하는 것을 따라 할 수 있었다. 우리는 해조류의 표본을 만들고 현미경으로 형태를 관찰했다. 해조류를 갈아서 주스처럼 만든 뒤 색소의 흡광도를 재기도 했다. 녹조류와 홍조류, 갈조류의 색소는 각각 다른 모양을 띠었다. 그 밖에도 다양한 실험을 하면서 해조류를 통해 분류학 말고도 다양한 학문이 가능하다는 것을 배웠다. 나는 일주일 남짓 되는 임해 실습 기간 동안 에노모토 교수님 집에서 지냈는데, 사모님이 무척 친절했다. 에노모토 교수님은 바나나 한 다발을 사주면서 "한국에서는 바나나가 엄청 비싸더라. 여기서 마음껏 먹고 가라"고 하셨다. 앉은자리에서 바나나를 한 개 이상 먹어본 건 그때가 처음이었다.

4학년 2학기에 몸이 너무 피곤해서 검사를 해보니 B형 간염이었다. 학교 보건소에서 주는 약을 먹고, 학교 근처로 거처를 옮겼다. 집에서 학교까지 통학하려면 콩나물시루 같은 버스 안에서 40~50분을 시달려야 했다. 성남시 성호시장 앞에서 9번 버스를 타면 낙성대역과 서울대역 중간 어디쯤에 있는 시외버스 정류장에서 내려주었다. 학교까지 걸어가기에는 참으로 애매한 위치였다. 서울대역 쪽으로 걸어가서 다시 버스를 타고 학교 앞까지 갔다. 학교 정문에서 강의실까지 또 한참을 걸어가면 이미 지쳐버리곤 했다. 어느 날 낙성대 쪽에서 학교 후문 쪽으로 올라가는 봉고차가 생겼다. 봉고차는 후문을 지나 서울대 사범대 쪽에서 정차했는데, 여기서 식물학과가 있는 20동 건물까지 가는 길이 정문에서 올라오는 것보다 훨씬 가깝고 편했다. 항상 사람들로 가득 찼던 중고 봉고차는 어느 날 마을버스로 변신하더니 지금은 관악구에서 제법 큰 운수 회사가 되었다. 1시간 30분이나 걸리는 통학은 간염 환자에게는 무리였다. 휴학할까도 생각했는데, 다행히 교회 목사님이 방을 하나 내주셨다. 그 집에는 중·고등학교 다니는 아이들이 세 명이나 있었는데, 전염성 바이러스 보균자인 나를 선뜻 받아주신 것이다. 한 번은 사모님이 작은 닭 한 마리를 푸욱 고아서 냉면 그릇에 가득 담아 차려주셨다. 간염을 이기려면 단백질을 잘 먹어야 한다고 하셨다. 나는 국물까지 남김없이 마시면서, 그분의 사랑도 함께 먹었다. 어쩌면 그날 사모님의 세 아이는 닭고기 한 점 구경조차 못했을지 모른다. 그런 형편을 알았기에 그릇을 깨끗이 비우지 않을 수 없었다.

당시에는 대학을 졸업하면 당연히 대학원에 가는 분위기였다. 가끔 유학을 가는 경우도 있었지만, 대부분 서울대 식물학과 대학원으로 진학했다. 실험실을 정해야 할 때가 온 것이다. 가장 최신 학문인 분자생물학이나 유전학 연구실이 인기가 있었지만, 나는 홍조류를 버릴 수 없었다. 홍조류의 성분화는 아직도 신비로운 세계였고, 그 비밀을 풀고 싶었다. 좀더 솔직히 말하자면, 퀭한 얼굴로 "어제도 실험하느라 밤을 새웠다"고 말하는 분자생물학이나 유전학 연구실 선배들을 보고 그런 세계로 뛰어들 자신이 없었다. 몸이 아파서 그랬을지도 모르지만, 그냥 좀 편한 곳으로 가고 싶었다.

대학원은 지도 교수가 중요하다

대학원은 3월부터 1학기가 시작되지만 학생들은 대부분 1월부터 실험실 생활을 시작했다. 조류학 연구실은 매년 한 명의 석사 신입생이 들어왔는데, 내가 입학하던 해에는 세 명이나 지원을 했다. 갑자기 생긴 신규 노동력은 조류학 연구실의 해묵은 표본 정리에 투입되었다. 얼굴조차 보지 못한 선배님들이 남기고 간 해조류 표본과 매년 채집 여행을 통해 학부생들이 만든 표본이 우리에게 넘겨졌다. 우리 세 명의 신입생은 표본을 분류군별로 구분해 서울대 표본관 안에 제자리를 찾아주었다. 개학할 때까지 두 달 동안 표본 정리와 함께 시약장을 정리하고 선배들이 쌓아놓은 실험 도구를 설거지하며 실험실 바닥을 청소했다. 이렇게 신입생 신고식을 하다가 한 명은 자퇴를 하고 유학길에 올랐다.

당시 식물학과에는 외국으로 유학을 간 사람이 꽤 있었다. 미국, 프랑스, 영국 등 나라도 다양하고 유학을 간 동기도 다양했다. 어떤 친구는 대학 입학 때부터 유학을 준비(토플과 GRE 시험)해서 떠났고, 어떤 친구는 남편이나 아내를 따라간 김에 거기서 대학원 입학 허가를 받기도 했다. 그리고 어떤 친구는 우리나라 도서관의 논문이 너무 빈약한 것에 실망해서 유학을 가기도 했고(지금은 인터넷으로 웬만한 논문은 다 볼 수 있다), 또 다른 친구는 석사까지 한국에서 공부한 뒤 다른 분야를 배우기 위해 유학을 선택하기도 했다. 선후배들을 쭉 살펴보면 유학을 가서 한국에 있을 때보다 잘 배운 경우도 있고, 오히려 더 고생을 한 경우도 있었다.

사실 요즘은 장비나 연구비 규모 면에서 외국보다 우리나라 실험실이 더 좋은 분야도 많다. 따라서 '유학이냐 한국 잔류냐'보다 더 중요한 것은 '어떤 지도 교수님을 만나느냐'인 것 같다. 교수님이 어떤 분이냐에 따라 실험실 분위기가 전혀 다르고, 학생의 인생이 바뀔 수도 있다. 실력과 인성 그리고 건강을 겸비한 교수님을 만나면 좋겠지만 교수님을 속속들이 다 알기는 어렵다.

교수님은 지도 스타일에 따라 방목형, 관리형, 주도형이 있다. 방목형은 '네가 알아서 해봐' 하는 분인데, 나의 지도 교수인 이인규 교수님이 그런 스타일이었다. 어떤 생물을 분류군으로 정해서 연구하고 싶은지 첫 한 학기 동안 고민하고 스스로 결정하도록 해주셨다. 박사 학위를 받은 뒤 바로 취업이 되지는 않기 때문에 박사후연구원 과정을 밟았는데, 나는 포항공대 안진흥 교수님 연구실로 갔다. 이분은 관리형 교수님으로, 아무리 바빠도 일주일에 한 번씩 꼭 랩 미팅을 하셨다. 랩 미팅 시간은 밤 10시!!! 랩 미팅 외에도 개인 면담을 통해 연구를 어떻게 진행하고 있는지 확인하고 필요한 조언을 해주셨다. 주도형을 만나본 적은 없는데, 연구 주제도 직접 정하고 실험 방법 등 거의 모든 과정을 일일이 지도하는 스타일이다. 연구 성과는 주도형 교수님과 함께할 때 가장 빨리 나올 수 있지만, 사람에 따라서는 견디기 힘들 수도 있다. 반면 방목형 교수님과 함께하면 독립적인 연구자로 성장해 나중에 자기 연구실을 운영할 능력은 생기지만, 시행착오를 많이 겪을 수 있다.

외국 유학은 가능한 한 한국에서 석사를 마치고 가는 것이 좋다고 본다. 외국에 나가면 새로운 환경에 적응하랴, 영어로 생각하고 대화하랴 스트레스 받을 일이 많다. 여기에 '연구'라는 새로운 일을 익히는 것까지 더해지면 정말 힘들 수 있다. 한국에서 석사 과정을 하면서 '연구'가 어떤 것이고 연구실 생활은 어떻게 하는 것이 좋은지 감을 잡으면 유학을 가서도 조금은 더 빨리 적응할 수 있다. 게다가 독일을 비롯한 유럽 국가에서는 석사를 마친 박사 과정 학생들에게는 생활비까지 지원하기 때문에 경제적으로도 도움이 된다.

유학을 어느 나라에서 할 것인지도 중요하다. '유학' 하면 대개 미국을 떠올린다. 미국은 석사와 박사 과정이 통합되어 있는 경우가 많은 대신 그 기간이 5~6년으로 꽤 길다. 반면 영국, 프랑스, 독일은 석사와 박사 과정이 분리되어 있다. 요컨대 석사는 2년, 박사는 3년 내에 끝내야 한다. 만약 박사를 3년 내에 끝내지 못하면? 교수님이나 실험실 상황에 따라 한 학기 정도 더 다니면서 학위를 마무리할 수도 있지만, 박사 학위를 받지 못한 채 쫓겨날 수도 있다. 그냥 박사 과정을 수료한 사람으로 남는 것이다. 연구 분야에 따라서는 유럽의 여러 나라도 경쟁력이 있다. 대학원 과정은 영어로 진행하므로 언어 문제는 크게 신경 쓰지 않아도 된다. 오히려 그들 역시 영어를 모국어로 사용하지 않기 때문에 영어 스트레스가 조금은 덜할 수도 있다.

북극 관련 연구는 북극권 국가인 노르웨이, 스웨덴, 핀란드, 덴마크(그린란드가 있다) 같은 북유럽 국가들이 뛰어나다. 노르웨이의 오슬로 대학, 베르겐 대학, 트롬쇠 대학. 스웨덴의 스톡홀름 대학, 예테보리 대학. 핀란드의 기상연구소, 헬싱키 대학. 덴마크의 코펜하겐 대학, 오르후스 대학. 이 중 이름을 들어보지 못한 대학도 있겠지만 대부분 서울대보다도 대학 순위가 높다! 영국은 물가가 비싸서 생활비가 많이 든다. 노르웨이나 스웨덴도 물가가 비싸지만 기본적인 생필품 특히 우유, 빵, 고기는 상대적으로 저렴해서(우리나라보다 더 싸다) 먹고사는 데 지장이 없다. 독일은 거의 모든 생필품이 우리나라보다 싸다. 물론 환율에 따라서 달라질 수 있지만 말이다.

이 밖에도 유럽에는 실력 있는 대학이 많다. 독일, 영국, 프랑스의 유명 대학뿐만 아니라 전공 분야에 따라 네덜란드, 벨기에, 스위스에도 세계 최고의 대학이 있다. 헝가리, 폴란드, 체코 같은 동유럽 국가에도 역사와 전통을 자랑하고 실력 있는 대학이 많지만 영어로 배우는 데 어려움이 있을 수 있다.

자연과학이나 공학 같은 이공계 분야에서는 대학보다 더 중요한 것이 교수님과 그분의 연구실이다. 따라서 그 연구실 출신이 어떤 길을 가느냐를 봐야 한다. 국내든 외국이든 좋은 연구실은 홈페이지도 잘 운영하고, 그 연구실에서 현재 연구하고 있는 학생뿐만 아니라 졸업한 학생들의 근황까지도 알려준다. 졸업생 중 교수나 연구직으로 남은 학생이 많다면 좋은 연구실이다. 교수님의 나이가 너무 많아도 곤란하다. 외국은 정년 퇴임이 따로 없는 경우도 있지만, 우리나라에서는 박사 학위 취득 즈음에 교수님이 정년 퇴임을 하면 직장을 구할 때 도움을 받지 못한다. 어느 선배는 박사 과정 도중 지도 교수님이 돌아가셔서 졸업을 못할 뻔했다. 다행히 같은 과에 있는 다른 교수님이 손을 내밀어줘서 졸업을 했지만, 아예 졸업을 못하는 경우도 있다. 자기 방에 학생을 받는다는 것은 그 학생에게 인건비를 주어야 한다는 의미인데, 수천만 원의 돈을 갑자기 마련할 수는 없기 때문이다. 아무도 맡을 수 없다고 하면 학생은 그냥 중간에 붕 뜨게 되는 것이다. 교수님이 젊을수록 좋지만 너무 신참이면 시행착오를 함께 겪으며 고생할 수도 있다. 그럼 어떻게 해야 할까? 교수님도 시간과 연구비를 투자해야 하기 때문에 신중하게 학생을 고른다. 그래서 학생을 받기 전에 인턴 기간을 두는 경우가 많으니 인턴을 하면서 교수님과 실험실 분위기를 익히는 것이 좋다. 만일 관심 있는 연구실에 인턴 제도가 없다면 그곳에 다니고 있는 대학원생을 만나 분위기를 파악할 수 있고 김박사넷(https://phdkim.net)에서 교수님에 대한 대학원생들의 평가를 볼 수도 있다. 만약 내가 지금 대학원을 다시 간다면 한국에서 석사를 하고 유럽 대학에서 박사 과정에 도전하겠다. 이왕이면 국비 유학 장학금도 준비하면서…….

국제 학회는 새로운 정보를 얻고 네트워크를 만드는 기회

내가 대학원에 들어갈 무렵 지도 교수이신 이인규 교수님은 이미 10여 명의 박사급 제자를 길러낸 중견 과학자였다. 당시엔 이런 것을 다 따져보고 대학원에 들어간 것은 아니지만, 운 좋게도 교수님이 가장 왕성하게 활동하시는 시기였다. 이인규 교수님은 특히 국제 학회에 참여하는 것을 중요하게 여기셨다. 그때만 해도 대학원생이 국제 학회에 참석하는 일은 정말 드물었다. 사실 교수님들도 국제 학회에 참석하는 분이 많지 않았다. 이인규 교수님이 처음 국제조류학회에 참석하기 시작했을 때, 대한민국 사람은 교수님 딱 한 분밖에 없었다고 한다. 일본 이외의 아시아 학자는 별로 없었다. 교수님은 먼저 사람들에게 다가가 자기소개를 하고 친분을 쌓으려 노력하셨다고 했다. "참 외로웠다"고 그때를 회상한 적도 있다. 그렇게 만난 학자들 중엔 우리나라에 초청했던 고프 교수님과 콜먼 교수님도 있었다. 교수님은 제자들에게도 국제 학회에 참여하도록 권하셨다. 제자 중 충남대 생물학과에 자리를 잡은 부성민 교수님은 국제 학회에 참여하려고 아침 출근 전에 영어 학원을 다녔다. 외국에 나가서 공부한 경험이 없기 때문에 영어로 대화하는 것이 힘들어서 그랬다고 한다. 이인규 교수님은 훗날 우리나라 학자로는 최초로 국제조류학회의 임원이 되셨다. 임원은 투표를 통해 결정하기에 웬만큼 인지도와 개인적 친분이 넓은 사람이 아니면 어려운데, 수십 년간의 노력을 국제 사회에서 인정받은 것이다. 얼마 뒤에는 부성민 교수님도 국제조류학회 임원으로 뽑혔다.

국제 학회에 참석하려면 비행기 값과 숙박비가 필요했다. 지금은 연구비에서 대학원생들의 국제 학회 참석비도 지원해주지만, 당시에는 그런 여력이 없었다. 조류학 분야에서는 2개의 국제 학회가 3년마다 한 번씩 열린다. 다음 개최 국가를 전 학회에서 미리 정하기 때문에 다음 일정을 알 수 있다. 학회에 참석하기 위해 일본이나 중국처럼 가까운 나라면 50만 원, 유럽이나 오스트레일리아처럼 먼 곳이면 100만 원을 정해놓고 정기적금을 들었다. 한 달에 8만 원씩 모으면 1년에 96만 원인데, 당시는 이자가 꽤 높아서 100만 원은 충분히 되었다.

내가 처음으로 참석한 국제 학회는 대학원에 입학한 1991년 여름, 일본 쓰쿠바 대학에서 열린 제2회 한일 조류학 심포지엄이다. 1989년 서울 롯데호텔에서 열린 제1회 한일 조류학 심포지엄의 답례 격으로 개최한 심포지엄이었다. 이인규 교수님은 일본서 공부할 때의 신세를

갚고자 롯데그룹의 지원을 받아 일본 조류학자들을 초청해 한일 국제 심포지엄을 한국에서 개최한 터였다. 그리고 일본이 그 뜻을 이어받아 제2회 한일 조류학 심포지엄을 쓰쿠바 대학에서 개최한 것이다. 이 심포지엄을 기초로 이인규 교수님은 1993년 서울대로 국제 조류학자들을 초청해 아시아태평양 국제조류학회를 탄생시켰다. 이 국제 학회는 미국과 유럽에 이어 아시아·태평양권을 아우르는 국제조류학회로 성장했다.

국제 학회는 대개 전체 참가자가 함께하는 기조 강연과 세부 주제별로 따로 모이는 세션, 그리고 포스터 발표로 구성된다. 기조 강연은 당대에 가장 영향력 있거나 좋은 논문을 쓴 연구자들이 중요한 연구를 종합 정리해서 발표한다. 기조 강연자는 주최 측에서 선정해 초청하며 항공료와 학회 참가비를 지원한다. 세션은 특정한 주제를 놓고 최근 간행한 논문이나 한창 진행 중인 연구 결과를 발표하는 자리다. 종종 젊은 과학자들을 선정해 상금 형식으로 학회 참가를 지원하기도 하는데, 나도 1992년에 뽑혀 국제 해조류 심포지엄(International Seaweed Symposium)에서 세션 발표를 한 적이 있다. 겨우 석사 2년차 때 일이다. 포스터 발표는 전지 크기의 큰 종이에 연구 내용을 써서 보여주는 것이다. 연구자들이 자기 포스터 옆에 서 있다가 다른 연구자들이 질문을 하면 대답하는 식이다. 세션 발표 때는 강연이 끝난 뒤 질문을 할 수 있는데, 시간제한이 있다. 게다가 직접 실험을 수행한 대학원생보다는 교수님이 발표하는 경우가 많아서 구체적인 실험 방법에 대해서는 속 시원한 대답을 듣지 못하는 일도 잦다. 반면 포스터 발표는 시간 제한이 거의 없어 발표자와 대화도 할 수 있고, 연구를 직접 수행한 사람들(주로 대학원생)에게 구체적인 내용을 물어볼 수 있어서 아주 좋다. 최근에는 학문 후속 세대 또는 차세대 연구자를 지원하기 위해 대학원생들에게 세션 발표 기회를 주는 학회가 늘어나고 있다.

국제 학회에서는 기조 강연을 통해 넓은 시야를 갖고 그 시기에 가장 관심이 높은 연구를 조망할 수 있다. 세션 강연을 통해서는 나와 가장 가까운 분야의 최신 연구 결과를 볼 수 있다. 그리고 포스터 발표를 통해서는 관심 분야의 젊은 연구자를 직접 만날 수 있다.

그렇다면 기조 강연 연사나 세션 구성은 누가 정할까? 학회에는 조직위원회가 있고, 여기서 기조 강연 연사와 세션 방향을 정한다. 기본적으로 큰 방향이 정해지면 구체적인 세션 구성은 공개 지원을 받는 경우가 많다. 세션을 구성하고 싶은 사람들이 주제와 소개문을 써서 제출하면 조직위원회에서 선정하는 식이다. 이렇게 세션이 선정되면 세션 방향을 처음 제안한 사람들이 좌장을 맡고 발표할 사람들을 뽑는다. 이때 뽑히지 못한 경우, 또는 처음부터 자기는 포스터로 하겠다고 신청한 사람은 포스터 발표자가 된다. 누구를 세션에서 발표하게 하고 누구를 포스터로 발표하게 할 것인지를 결정하는 것은 세션 좌장들이기 때문에 이들의 영향력이 중요하다. 주로 친한 사람들끼리 서로 연락해서 연구 주제를 정하고 세션을 구성한다. 예를 들면, 같은 실험실에서 박사 과정을 함께했던 친구나 국제 공동 연구를 함께한 친분 있는 연구자들이 모여서 세션 좌장이 된다. 이처럼 연구 분야에서도 네트워크는 중요하다.

국제 학회는 학생들이 박사 과정이나 박사후연구원으로 갈 곳을 찾는 자리이자, 교수님들에게는 똘똘한 연구자를 자기 실험실로 이끌 수 있는 자리다. 어떤 학회는 따로 게시판을 만들어 거기에 '박사 과정 학생 모집', '박사후연구원 모집' 공고를 붙일 수 있게 해준다. 관심 있는 학생은 연락을 해서 바로 교수님과 면담할 수 있다. 교수님도 발표하는 학생들을 만나 대화하면서 나중에 박사후연구원으로 받을 만한 인재를 고른다. 나도 학회에서 함께 연구할 사람을 찾았는데, 이렇게 해서 만난 권민정 박사가 독일에서 박사 학위를 받고 우리 연구실로 왔다.

대학원 박사 과정에 있을 때는 실험실에서 밤을 새우고 부스스한 몰골로 바로 공항으로 간 적도 있다. 그날도 실험과 발표 준비로 역시 밤을 꼬박 새우고 출발 당일 새벽에야 가까스로 일을 마쳤다. 곧장 집에 가서 짐을 챙겨 공항으로 나갔다. 그런데 학회 장소가 적힌 종이를 어디다 두었는지 도저히 찾을 수 없었다. 갑자기 잠이 확 깼다. 한참을 뒤져 겨우 학회를 주최한 교수님의 소속 대학교 이름만 알아냈다. 과연 학회 장소를 잘 찾아갈 수 있을까? 학회가 그 대학이 아니라 다른 곳에서 열리는 것이면 어떻게 하지? 별별 생각을 다하며 비행기를 탔다. 시드니 공항에 도착했을 때는 새벽이라 안내 데스크가 문을 열 때까지 구석에 앉아 기다려야 했다. 마치 국제 미아가 된 기분이었다.

"뉴사우스웨일스 대학에 가려면 어떻게 해야 하나요?" 2시간 넘게 기다렸다 안내 데스크가 열리자마자 달려가서 물어보았다. 어찌어찌 학교에는 도착을 했는데, 여기서 또 어디로 가야 할지 몰랐다. 학교 안을 헤매다 보니 국제학생센터가 있기에 들어가서 교수님 이름을 대니 건물을 알려주었다. 다행히 바로 그 건물에서 학회가 열렸다. 실험실 선배님들과 동기 얼굴을 보니 얼마나 반갑던지, 그제야 국제 미아가 된 듯한 막막함에서 벗어날 수 있었다.

국제 학회에서 논문으로만 보던 과학자들을 만나는 것은 정말 흥분되는 일이다. 대학교 4학년 때 뵀던 고프 박사님과 콜먼 박사님을 학회에서 만나 그때 알려주신 방법을 이용해 핵의 크기를 비교하는 연구를 했다고 말씀드렸더니 매우 대견해했다. 그리고 당시 홍조류의 분자생물학 분야 개척자인 존 반 데르 미어(John van der Meer) 교수님을 만나 인사를 드리고 나도 성분화 유전자를 찾고 있다고 했더니 흥미로워하셨다. 반 데르 미어 교수님 연구실에서는 나중에 중국계 대학원생이 우리가 먹는 김에서 성분화에 관여하는 유전자를 찾아 논문을 발표하기도 했다. 어떻게 보면 누가 세계 최초로 홍조류의 성분화 유전자를 찾느냐를 두고 서로 경쟁하는 관계였다고도 할 수 있다. 학회에서는 아직 논문으로 발표되지 않은 최신 연구 결과를 공개하기 때문에 경쟁자들이 어디까지 해냈는지 주의 깊게 살펴보기도 한다. 이렇게 자주 학회에서 만나다 보면 외국 학자들과 얼굴과 이름을 익히고 친구가 될 수도 있다. 국제 학회에서 과학자들은 이렇게 네트워크를 만들어간다.

마이크로 세계는 훨씬 다양하다

국제 학회를 통해 전혀 모르던 새로운 분야에 관심을 갖게 되기도 한다. 1991년 처음으로 참석했던 한일 조류학 심포지엄에서 미세조류(microalgae) 워크숍이 있었는데, 이들의 세계가 정말 흥미로웠다. 생물학 시간에 한 번쯤 '종-속-과-목-강-문-계'라는 말을 들어보았을 것이다. 분류학자들은 비슷한 생물을 한 무리로 모으려고 노력한다. 이 중 가장 큰 묶음 단위가 '계'인데, 영어로는 'Kingdom'이라고 한다. 오래전부터 분류학자들은 생물을 동물계와 식물계로 크게 구분했고, 영어로 동물계는 'Animal Kingdom'이다. 다큐멘터리 〈동물의 왕국〉은 바로 Animal Kingdom을 번역한 것이다. 곰팡이나 버섯은 식물계(Plant Kingdom)에 속해 있다가 나중에 균계(Kingdom Fungi)로 분리되었다. 하나의 계는 여러 개의 문으로 나뉜다. 현재 살아 있는 식물은

10개의 문으로 나뉘는데, 그중에서 꽃이 피는 모든 식물을 다 모으면 한 무리의 속씨식물문(Magnoliophyta)이 된다. 세상에 꽃을 피우는 식물이 얼마나 다양한가? 그 모든 식물이 단 하나의 문에 들어간다. 반면 미세조류는 식물을 제외하고 광합성을 하는 단세포 생물인데, 학자에 따라 7~10개 이상의 문으로 구분한다. 우리가 흔히 식물 플랑크톤이라고 부르는 것이 전부 미세조류에 속한다. 물론 미세조류가 물속에만 있는 것은 아니다. 흙과 바위 속, 심지어 차가운 눈 위에서도 살아간다.

미세조류는 거의 대부분 단 하나의 세포로 이루어져 있다. 세포 하나가 하나의 생명체인 셈이다. 이들의 생김새는 이 땅에 사는 동물의 모양이 다양한 것만큼이나 다채롭고 제각각이다. 그중엔 규소로 단단한 껍질을 만들어 자기를 보호하며 말 그대로 바닷속의 실리콘으로 살아가는 규조류가 있다. 탄산칼슘으로 만든 판때기로 온몸을 방패처럼 둘러싼 착편모조류도 있다. 이들 두 조류는 해양에서 가장 개체수가 많은 식물 플랑크톤이기도 하다. 허리를 감싸는 독특한 모양의 편모를 가진 와편모조류는 광합성을 하기도 하지만 상당수는 다른 생물을 잡아먹어서 와편모충류라 부르기도 한다. 이렇게 미세조류의 다양한 색상과 기묘한 모양을 보고 있노라면 외계 생명체를 대하는 기분이 들기도 한다.

우리는 숨을 쉬며 살아간다. 숨을 쉬며 우리 몸이 받아들인 산소는 누가 만들까? '산소' 하면 우리는 가장 먼저 숲속의 풀과 나무를 떠올린다. 하지만 식물보다 미세조류가 더 많은 산소를 우리에게 나눠준다. 식물이 사는 곳은 지구의 30퍼센트인 육지. 그중에서도 얼음으로 덮인 극지와 고산 지대 그리고 사막과 아스팔트로 뒤덮인 도시를 제외하면 식물이 사는 곳은 더 줄어든다. 반면 지구의 70퍼센트인 바다는 극지든 적도든 어디에나 생물이 살고 있다. 바다에서 광합성을 하며 산소를 만드는 생물, 특히 미세조류는 비록 크기가 작은 단세포 생물이지만 그 수는 어마어마하다. 식물 플랑크톤 하나가 만드는 산소는 보잘것없지만, 이들이 만든 산소가 모여 수많은 생물이 숨을 쉬게 한다. 지금도 우리 몸에는 작은 미세조류가 만든 산소 분자가 돌고 있다. 세포 하나하나는 미미하지만 그들이 모이고 모이면 세상을 바꾼다.

바닷속에는 미세조류뿐 아니라 곰팡이도 산다. 아주 단순한 모양의 곰팡이도 있고 실 모양의 곰팡이도 있지만, 효모 계열의 곰팡이가 가장 많다. 바닷속에서는 아직까지 배양된 적이 없거나 땅에서는 볼 수 없던 새로운 곰팡이가 발견되기도 한다. 이들 곰팡이는 바닷물 속에 떠다니기도 하지만, 바다에 뿌리를 내리고 있는 맹그로브나 해조류, 새우, 게, 고래 같은 바다 생물의 몸에 붙어 살기도 한다.

어디 곰팡이 뿐이랴. 바다에는 박테리아도 가득하다. 인간의 유전체 분석에 성공한 크레이그 벤터(John Craig Venter) 박사는 배를 타고 바다로 나갔다. 남들은 이제 인생을 좀 즐기려나보다 생각했겠지만, 그는 물통에 바닷물을 가득 채워 돌아왔다. 그 물을 필터로 거른 뒤 해양 미생물을 모아 DNA를 뽑고 염기서열을 분석했다. 그가 배를 타고 나갔던 미국 동부 대서양 쪽 바다의 이름은 사르가소해(Sargasso Sea)였다. 벤터 박사는 여기서 분석한 박테리아 유전체에 1, 2, 3…… 번호를 붙였다. 그런데 이 중 열한 번째 박테리아인 SAR11이 엄청 많다는 것을 발견했다. 이 소식은 다른 해양미생물학자들을 자극했고, 다른 바다에서는 어떤지 너도 나도 분석하기 시작했다. 결과는 마찬가지. SAR11은 다른 바다에서도 우점하는 박테리아였다. 어떤 과학자는 해양 박테리아의 약 25퍼센트가 바로 이 SAR11이라는 계산을 해내기도 했다. 그러나 배양이 되지 않아 이 박테리아에 이름을 붙일 수 없었다. 그러던 중 드디어 한 종을 배양하는 데 성공했고, 펠라지박터 유비큐(*Pelagibacter ubique*)라는 이름이 붙었다. 그 뒤로도 더 많은 SAR11 박테리아가 발견되었다. 알고 보니 SAR11은 다양한 박테리아가 모인 그룹이었고, 지금은 펠라지박터목(Order Pelagibacterales)으로 알려져 있다. 박테리아 중에는 광합성을 하는 남세균이 있는데, 엽록소 a를 갖는 시네코코커스(*Synechococcus*)와 엽록소 a와 b를 모두 갖는 프로클로로코커스(*Prochlorococcus*)가 대표적이다.

바다에는 바이러스도 있다. 바이러스가 사람한테 독감이나 에이즈 같은 질병을 일으킬 수 있는 것처럼 바닷속 바이러스도 해양 생물에 병을 일으키거나 죽일 수 있다. 때로는 바이러스가 적조 같은 해로운 미세조류를 감염시켜 이들의 번식을 막아주기도 한다. 적조를 제어할 때 황토를 뿌리는 것보다 인체에는 해롭지 않고 미세조류만 골라 죽이는 바이러스를 뿌리는 것이 더 효과적일 수 있다. 무게로 볼 때 해양 미생물의 약 20퍼센트 정도가 바이러스에 의해 죽음에 이른다. 바이러스가 박테리아와 플랑크톤을 죽이면 세포 속에 있던 탄소와 질소로 이루어진 물질이 빠져나와 다른 생물이 살아가는 데 유용한 영양 물질이 된다. 과학자들은 이것을 '물질의 순환'이라 부른다. "죽으면 흙으로 돌아간다"는 말이 바로 이 물질의 순환이다. 바닷물에는 플랑크톤보다 많은 박테리아, 박테리아보다 많은 바이러스가 살고 있다.

한마디로 물은 생물로 가득 차 있다. 해양 생물을 모두 모아 무게를 잰다면, 98퍼센트 이상을 이들 해양 미생물이 차지할 것이다. 실로 엄청나게 다양한 미생물이 광합성을 하거나 빛 없는 심해에서 유기물을 합성하며 다른 생물의 먹이가 된다. 또한 죽은 생물을 분해하고 물질을 순환시켜 해양 생태계를 떠받친다. 바로 이 미생물들이 탄소와 질소, 산소와 수소, 인, 황, 나트륨, 칼륨, 마그네슘, 철, 구리 같은 다양한 물질을 순환시킨다. 눈에 보이지도 않는 박테리아와 고균, 미세조류와 원생동물, 곰팡이 같은 미생물과 바이러스가 있기에 지구의 70퍼센트나 되는 거대한 해양이 건강하게 유지되는 것이다.

좌절 90, 성공 10

2016년 노벨 물리학상을 받은 존 코스털리츠(John Kosterlitz) 교수는 젊은 과학자에게 이렇게 말했다.

"독창적인 연구를 하려면 관습의 틀을 깨야 하며, 이를 위해 90퍼센트 좌절과 10퍼센트 성공의 과정을 참아내야 한다."

겸손하게도 그는 운이 좋아서 노벨상을 받았다고 말한다.

"노벨상을 받은 건 95퍼센트가 운이었어요. 적절한 곳에서 적당한 시기에 꼭 맞는 사람을 만났기에(Right Place, Right Time, Right People) 가능했지요."

존 교수가 노벨상을 받은 논문은 서른 즈음에 낸 것이었다. 처음 발표했을 때는 그 논문이 거의 인용되지 않았다. 그만큼 사람들의 관심도, 좋은 평가도 받지 못했다. 그는 그저 연구를 즐기며 새로운 것을 찾으려 계속 도전했고, 인내하며 미지의 불확실함에 한발 한발 다가갔을 뿐이라고 했다. 새로운 발견은 새로운 분야에 도전할 때 나온다.

나도 석사 과정을 새로운 분야에 도전하며 시작했다. 학부 때 키우던 홍조류에서 암배우체에 수컷의 생식기가 만들어지거나, 수배우체에 암컷 생식기가 만들어지는 '이상 생식 현상'이 나타났다. 도대체 암수가 어떻게 결정되기에 이런 혼란이 생긴 건지 너무나 궁금했다. 때마침 내가 키우던 비단잘록이에서 상처가 재생되는 현상이 알려졌다. 비단잘록이는 세포가 맨눈으로도 볼 수 있을 정도로 컸다. 대신 하나의 세포에 핵이 수십 개에서 수백 개까지 있는 다핵 세포였다. 마치 진주 목걸이에 진주알이 줄줄이 엮이듯 비단잘록이도 물방울이나 원기둥 모양의 세포가 한 줄로 이어졌다. 그러다 하나의 세포에서 2개의 세포가 나오면서 가지를 만들어냈다. 비단잘록이는 세포 하나를 날카로운 핀셋으로 찌르면 세포가 톡 터져버렸다. 세포벽 덕분에 세포들이 그대로 붙어 있기는 하지만 터진 세포의 세포질을 붓으로 살살 털어내면 투명한 세포벽만 유령처럼 남았다. 그런데 이걸 그대로 놔두면 위와 아래에서 새로운 세포가 자라나오다 서로 붙어서 하나의 세포가 된다. 이것을 '상처 재생'이라고 하는데, 재생된 세포는 점점 두터워져서 예전처럼 튼튼해진다.

이렇게 세포가 재생되는 과정에서 아이디어를 얻었다. 세포가 융합될 때 암배우체와 수배우체를 서로 만나게 해서 융합세포를 만드는 것이다. 물속에 그냥 놔두면 비단잘록이가 저절로 움직여 암·수가 서로 만날 수 없다. 그래서 한천(Agar)으로 물렁물렁한 고체 배지를 만들고 살짝 홈을 판 뒤 거기에 상처 재생 세포가 나오는 비단잘록이를 반쯤 파묻었다. 그러면 움직이지 않고 고정된다. 아래쪽에 암배우체를 두면 위쪽엔 수배우체를, 아래쪽에 수배우체를 두면 위쪽엔 암배우체를 놓았다. 마르지 않도록 멸균한 바닷물을 홍조류가 잠길 정도로 살짝 부어준 뒤 세포가 융합할 때까지 기다렸다. 이렇게 암·수 세포를 융합시킨 뒤 어느 정도 튼튼해지면 융합세포만 떼어내서 따로 키웠다. 하나의 융합세포에서 다시 세포가 분열해 나오고 점점 하나의 개체로 모양을 잡아가다 드디어 생식세포를 만들었다. 과연 암·수 융합세포에서 만들어진 키메라 비단잘록이는 어떤 성을 갖게 될까?

어떤 개체는 암배우체, 어떤 개체는 수배우체로 자랐지만 많은 개체가 암수 생식기를 둘 다 갖는 암수한몸이 되었다. 심지어 어떤 키메라는 염색체가 두 벌인 복상 세대(2n)의 특징, 곧 사분포자도 만들어냈다. 이건 전혀 예상하지 못한 결과였다.

이번에는 이렇게 나온 사분포자를 받아서 키워보았다. 원래 비단잘록이의 포자는 자라서 암배우체나 수배우체가 된다. 사실 비단잘록이를 키우는 일도 그리 쉬운 작업은 아니다. 아무리 멸균한 해수를 쓴다고 해도 해조류에 붙어 있던 미생물은 사라지지 않았다. 그래서 주기적으로 유리 그릇을 바꿔주고 이때마다 가늘고 부드러운 붓으로 비단잘록이 표면에 붙은 미생물을 제거했다. 이 작업을 게을리 하면 물이 뿌옇게 변하고 비단잘록이는 병들어 죽었다. 포자가 유리그릇 바닥에 붙으면 새 유리그릇으로 옮겨주기 전에 오염되어 죽을 확률이 높았다. 그래서 멸균한 커버글라스를 밑에 깔고 그 위에서 포자를 받았다. 포자는 일단 떨어지면 접착 물질을 분비해 커버글라스에 달라붙는다. 이젠 새로운 유리그릇으로 옮겨 키우면 된다. 새로운 그릇으로 옮길 때마다 커버글라스에 붙은 미생물을 살살 털어냈다. 이때는 포자나 이제 막 세포 분열을 시작한 어린 개체가 떨어지지 않도록 아주 조심해야 한다.

몇 시간이고 앉아 비단잘록이를 목욕시키고 새로운 집으로 옮기다 보면 해부현미경 접안렌즈에 내 눈이 붙어버린 것 같은 착각이 들기도 했다. 사람이 되었든 홍조류가 되었든 어린 애를 키우는 건 둘 다 어려운 일이었다. 애지중지 포자를 받아서 생식기를 만들 정도의 어른으로 키워보니 이번에도 암배우체·수배우체뿐만 아니라 암수한몸과 사분포자까지 만드는 개체가 또 나왔다. 암수한몸은 그렇다 치고, 도대체 어떻게 사분포자까지 만들어지는 것일까?

여기에 대해 세 가지 가설을 세웠다. 첫 번째 가설은 암배우체와 수배우체의 세포가 서로 융합할 때 일부 핵도 융합해서 2n의 핵이 되고 이 융합핵이 사분포자를 만드는 데 관여한다는 것이다. 두 번째 가설은 사람의 X, Y 염색체처럼 비단잘록이도 성염색체가 있는데, 이들이 한 세포 안에 함께 있으면서 사분포자를 만들었다는 것이다. 핵은 융합하지 않았지만 성염색체는 상호 작용을 한다는 뜻이다. 마지막으로 세 번째 가설은 핵도 융합하지 않았고 성염색체도 없이 그냥 유전자 수준에서 모든 핵이 암배우체·수배우체와 사분포자체의 생식기를 만들 유전자를 갖고 있다가 비정상적으로 발현되었다는 것이다. 이 가설을 검증하려면 우선 핵이 융합했는지를 밝혀내야 했다. 석사 과정은 가설을 세우는 것으로 끝내고 가설의 검증은 박사 과정으로 넘겼다.

박사 과정의 연구 목표를 이 가설을 검증하는 걸 넘어 성분화에 관여하는 유전자를 찾는 것까지 거창하게 잡았다. 그런데 당시 이인규 교수님 연구실에는 유전자를 다루는 분자생물학 실험을 할 만한 연구 장비가 없었다. 교수님은 마침 식물학과에 새로 온 홍주봉 교수님께 나를 맡겼다. 홍주봉 교수님은 식물학과가 있던 20동 건물에서 멀리 떨어진 유전공학연구소에 계셨기에 나도 그곳으로 갔다. 그런데 핵이 융합했는지 아닌지는 어떻게 확인한담?

때마침 연구 장비를 판매하는 한 회사에서 영상 분석 프로그램을 소개하러 왔다. 디지털카메라로 사진을 찍은 뒤 그 영상을 컴퓨터로 분석하는 장비였다. 1993년에는 디지털카메라가 아직 일반인에게 소개되기 전이었고, 컴퓨터도 이제 막 한글 윈도우 3.1을 사용하던 때라 컴퓨터로 영상을 분석한다는 게 엄청 새로운 시절이었다. 나는 이것을 형광현미경에 연결해보기로 했다. 디지털카메라와 현미경을 연결할 부품은 이인규 교수님께 사달라고 요청했지만, 영상 분석 프로그램까지 구입해달라고 할 용기는 없었다. 너무 비싸기도 했거니와 과연 이 방법이 성공할지 알 수 없었기 때문이다. 그래서 장비 회사에 일주일만 영상 분석 프로그램을 써보게 해달라고 했다. 장비를 내 실험에 잘 적용할 수 있는지 확인되면 영상 프로그램을 구입할 테니 데모를 해보자고 한 것이다. 정말 교수님께서 프로그램을 사줄지 확신할 수 없었지만, 비단잘록이의 핵 크기를 비교하는 실험을 해보고 싶었기에 업체 직원에게는 꼭 살 것처럼 큰소리를 쳤다. 일주일의 데모 기간을 그렇게 확보했다.

데모가 끝나기 전 모든 실험을 마쳐야 했기에, 실험하는 동안 집에도 못 가고 현미경 앞에서 밤을 새우다가 졸다가 했다. 우선 비단잘록이를 DAPI 염색약과 바닷물이 들어 있는 작은 유리 삼각 플라스크에 넣었다. 이 플라스크를 전자레인지에 넣고 물이 살짝 끓어오를 때까지 돌린다. DAPI 용액이 넘치면 치우는 데 신경을 써야 하므로 넘치지 않도록 재빨리 전자레인지 문을 열고 잠시 유리 플라스크를 식힌 뒤, 그 속에 든 비단잘록이로 프레파라트를 만들었다. 시간이 지나면 형광이 점점 사라지기 때문에 후다닥 형광현미경으로 관찰하며 디지털카메라로 사진을 찍고 핵의 크기를 저장했다. 형광현미경은 주변의 밝은 빛에 간섭을 받기 때문에 어두운 데서 관찰해야 한다. 그래서 주로 밤에 불을 끄고 실험했다. 염색체가 두 벌인 사분포자체의 핵은 염색체가 한 벌인 암배우체나 수배우체보다 확실히 컸다. 세포 융합으로 자란 암수한몸의 핵은 암배우체나 수배우체의 핵과 크기가 비슷했다. 사분포자체의 핵처럼 큰 핵은 없었다. 사분포자체까지 만들었던 키메라 비단잘록이의 핵도 이와 비슷했다. 세포가 융합될 때 핵은 융합되지 않았다는 뜻이다. 첫 번째 핵융합 가설은 이렇게 기각되었다.

이제 남은 가설은 성염색체가 존재하는가, 아니면 그냥 유전자 수준에서 조절되는 것인가였다. 염색체를 들여다보아야 하는데 비단잘록이는 거대한 세포 크기에 걸맞지 않게 염색체가 너무 작아서 현미경으로 구분할 수가 없었다. 다른 방법이 필요했다.

박사 과정 1년차 때는 기숙사에서 지냈는데, 통금 시간이 있었다. 밤 12시가 되면 현관문을 잠갔기 때문에 신데렐라처럼 밤 12시가 가까워지면 정신없이 뛰어가야 했다. 하루는 아침에 기숙사를 나와 연구실로 가던 중 미생물학과에 다니는 친구를 만났다. 그 전까지는 길에서 마주친 적이 한 번도 없는데, 그날따라 이 친구를 만나서 연구 이야기를 하게 되었다. 그는 염색체를 구분할 수 있는 특별한 전기영동 방법이 있다고 했다. 나는 이인규 교수님께 비싼 전기영동 장치를 사달라고 요청했다. 첫 번째 영상 분석 장비가 성공한 덕분인지, 마침 그때가 연구비를 신청하던 시기여서 그랬는지 잘 모르겠지만 교수님은 거금을 들여 이 장비를 사주셨다.

데모 없이 비싼 장비를 사는 게 아니었다. 적어도 장비를 갖춘 다른 연구실에 찾아가서 미리 테스트를 했어야 했다. 요컨대 이 장비로도 비단잘록이의 염색체를 구분하기 어려웠다. DNA가 너무 끌렸기 때문이다. 결국 이 전기영동 장비는 연구실 한쪽 구석에 처박혔다. 핵의 크기를 분석하는 새로운 방법을 개발했다고 우쭐하던 마음은 비싼 장비를 썩히며 연구실에 큰 손실을 끼치고 국민 세금을 낭비했다는 자책감으로 바뀌었다.

염색체는 포기하고 바로 성분화에 관여하는 유전자를 찾기로 방향을 바꾸었다. 유전공학연구소는 365일 불이 꺼지지 않았다. 거기엔 6개의 실험실이 있었는데, 최소 그중 하나 이상의 연구실은 밤에도 항상 불을 밝혔다. 특히 한 연구실은 불 꺼지는 날이 거의 없었다. 집이 서울인데도 학교 근처에 방을 얻은 그 연구실의 박사 과정 학생은 가끔 새벽 2시에 걸려온 교수님 전화를 받기까지 한다는 소문도 돌았다. 그는 나와 같은 해에 박사 학위를 받고 지금은 하버드 의대 교수로 있다. 4년 만에 박사 학위를 받을 정도로 실험을 잘 했던 그와 달리 나는 박사 과정 1년차에 DNA 뽑는 일만 계속 반복했다.

DNA를 뽑는 거의 모든 방법을 다 써보았지만 비단잘록이에서 깨끗한 DNA는 뽑히지 않았다. 세계 최초로 홍조류의 성분화 유전자를 찾겠다는 자신감은 이러다 졸업이나 할 수 있을까 하는 불안감으로 바뀌었다. 급기야 내 무능력을 인정하고 박사 과정을 포기하려는 데까지 이르렀다. 한 번만 더 해보고 포기하자. 이번 한 번만 더 해보고 그만두자. 이러고 있을 때, 미국에서 피재호 박사님이 박사후연구원으로 오셨다. 그분이 다양한 식물에서 DNA와 RNA를 뽑아본 경험을 나에게 전수해주었다. 마침 이인규 교수님 연구실에 석사 과정으로 들어온 후배 한 명도 분자생물학을 하고 싶다며 홍주봉 교수님 연구실로 올라왔다. 이 후배는 영민하고 손놀림이 섬세해서 똑같은 방법으로 실험을 해도 나보다 훨씬 깔끔하고 좋은 결과를 냈다. 나는 이 후배의 도움을 받아 드디어 DNA와 RNA를 뽑는 데 성공했고, 성분화 유전자를 찾기 위한 첫 번째 장애물을 넘었다.

실험은 덜렁이도 침착하게 만든다

가끔 "DNA를 현미경으로 관찰하면 이중나선이 보이나요?"라는 질문을 받는다. DNA는 일반적인 광학현미경으로는 볼 수 없다. 광학현미경은 중·고등학교 과학 실험실에서(물론 대학교에서도) 사용하는데, 사실 이 현미경으로는 박테리아도 제대로 보기 어렵다. 염색을 잘 하면 박테리아가 아주 작은 점으로 보이는 정도다. 그러니 일반 현미경으로 DNA를 본다는 것은 불가능하다. 그럼 어떻게 유전자 연구를 하냐고? 화학적인 방법을 이용해 DNA를 뽑아낸다. 세포를 구성하는 지질이나 단백질, 탄수화물은 없애고 DNA만 따로 추출하는 것이다.

성분화 유전자를 찾기 위해서는 우선 비단잘록이에서 DNA와 RNA를 뽑아야 했다. DNA는 유전자를 담고 있는 기본 물질이다. 그런데 이 DNA가 실제로 발현되려면 유전자에 담긴 정보를 따라 단백질이 만들어져야 한다. 단백질을 만드는 과정에 중간 다리 역할을 하는 것이 RNA다. RNA를 다룰 때 복병이 하나 있다. 바로 RNA를 분해하는 효소가 너무 강력해 웬만해서는 RNA가 분해되는 걸 막을 수 없다는 점이다. 그래서 RNA를 뽑을 때는 RNA 분해 효소를 없애는 작업부터 시작한다.

RNA 분해 효소는 사람 손이 닿은 곳이면 어디나 존재한다. 심지어 물속에도 있다. 실험실에서 사용하는 깨끗한 물도 믿을 수가 없어 여기에 단백질 효소를 없애는 화학 약품을 넣고 하룻밤을 보낸 뒤 고온-고압 조건에서 멸균한 뒤에야 RNA 실험용으로 사용할 수 있다. 분자생물 실험에 사용하는 마이크로피펫이라는 장비가 있다. 시약을 눈물 한 방울 정도의 적은 양만큼 떼어낼 때 쓰는 장비인데, 끝에 팁을 끼워 사용한다. 이런 팁도 혹시나 있을지 모르는 RNA 분해 효소를 제거하기 위해 클로로포름으로 살짝 헹구고, 이 클로로포름을 날려 보낸 뒤 사용했다. 클로로포름같이 냄새나는 (몸에 좋지 않은) 화학 약품은 공기를 빨아들이는 장치(흄 후드) 안에서 사용한다. 이러다 보니 RNA를 뽑기 위한 실험 준비를 하는 데만 하루 반나절이 걸린다. 그러나 지금은 RNA 분해 효소가 없는 물이나 팁도 따로 팔고, RNA가 아주 잘 뽑히는 시약도 있어 반나절이면 RNA를 뽑을 수 있다. 왜 이렇게 좋은 건 내가 실험을 끝낸 뒤에만 나오는 것인지…….

혹시라도 RNA가 깨질까봐 숨 쉬는 것조차 조심하며 실험을 하건만 (내 침 속에도 RNA 분해 효소가 들어 있으니 재채기 한 방에 하루 반나절을 준비한 실험을 망칠 수 있다) 결국 RNA가 나오지 않는 경우도 있다. 이러면 원인을 찾는 게 더 어렵다. 물이 오염된 것인지, 팁이 잘못된 것인지, 아니면 다른 시약 중 하나가 잘못된 것인지 알 수 없기 때문이다. 실험이 실패한 원인을 찾기 위해 처음부터 다시 반복하는 수밖에 없다. 다행히 그다음 실험에서 RNA가 나오면 좋겠지만, 이때도 RNA가 깨지면 이제는 하나씩 바꿔가며 실험을 해야 한다. 처음에는 물을 다시 만들어 사용하고, 그래도 실패하면 그다음에는 팁을 바꾸고……. 이렇게 하다 보면 어느 순간 RNA가 나오기 시작한다. 이처럼 수십 번의 실험을 반복해서 RNA를 모았다. 이제 다음 단계로 넘어갈 순간이다.

RNA는 크게 세 가지 종류로 이루어져 있다. 단백질을 만드는 유전 정보가 들어 있는 전령 RNA(mRNA), 세포 안에서 단백질을 합성하는 리보솜을 만드는 데 참여하는 리보솜 RNA(rRNA), 그리고 단백질을 만들 때 필요한 아미노산을 운반하는 운반 RNA(tRNA). 이 중에 유전자를 연구할 때 사용하는 것은 mRNA뿐인데, 그 양이 아주 적다. 전체 RNA가 100이라면 mRNA는 1~2에 불과하다. 그런데 이 mRNA만 따로 모아야 한다. 도대체 어떻게?

다행히 mRNA에는 유전 정보가 끝날 때 '이제 끝이야!'라고 알려주는 신호가 있다. 이 신호는 아데닌(A)이 쭉 나열된 poly(A) 꼬리다. 이 poly(A)는 다른 RNA에는 없고 mRNA의 한쪽 끝부분에만 존재한다. 그런데 아데닌(A)은 티민(T)과 서로 결합한다. 따라서 티민이 여러 개 나열된 poly(T) 부분이 있으면 여기에 poly(A) 꼬리가 달라붙어서

mRNA만 따로 모을 수 있다.

내가 박사 과정을 밟으며 실험할 당시 mRNA를 추출하는 실험 키트는 두 가지가 있었다. 하나는 조그만 칼럼 안에 poly(T)가 붙은 아주 작은 구슬(마이크로비드)이 채워져 있어 RNA 용액이 칼럼을 통과하며 mRNA의 poly(A)가 칼럼의 poly(T)와 결합하는 칼럼 방식이다. 다른 하나는 작은 구슬에 poly(T)와 철가루가 붙어 있는 자석 방식이다. 튜브에 이 구슬과 RNA 용액을 넣고 mRNA만 구슬과 결합시킨 뒤 튜브 옆에 자석을 대면 구슬이 여기에 와서 붙는다. 그러면 용액에 들어 있는 RNA는 따라 버리고 mRNA만 따로 모을 수 있다. 당시는 칼럼 방식이 대세였지만(지금도 칼럼 방식이 대세) 나는 자석 방식을 선택했다. 왜냐하면 DNA와 화학 성질이 비슷한 다당류 오염을 피하기 위해서였다. 아무리 깨끗하게 RNA를 뽑는다 하더라도 다당류가 어느 정도 따라 오는데, 이것들이 칼럼을 막을 수 있다. 반면 자석을 이용하면 세척하는 과정에서 다당류를 제거할 수 있어 좀더 순도 높은 mRNA를 모을 수 있다고 판단했다. 이런 나의 예상은 적중했고, mRNA를 순조롭게 모을 수 있었다.

한편 어떤 석사 과정 학생은 칼럼 방식을 선택했다가 인생이 바뀐 경우도 있다. mRNA를 추출하는 실험 키트는 1990년대 중반에도 이미 100만 원이 넘는 비싼 제품이었다. 하나의 제품으로 열 번의 실험을 할 수 있었다. 이 학생은 전기영동을 한 이후 특정한 크기의 DNA만 따로 모아서 순수하게 분리하기 위해 칼럼 방식으로 실험했는데,

DNA가 나오지 않았다. 실험 키트 10개를 다 써도 결과가 나오지 않자 석사 과정을 포기하고 대학원을 자퇴했다. 그런데 나중에야 그 학생이 잘못한 게 아니라 키트가 잘못되었다는 사실이 밝혀졌다. 생물학계에서 아까운 인재 하나를 놓친 셈이다. 아니면 다른 분야에서 뛰어난 인재를 하나 얻은 것일지도…….

여러 번 반복해서 mRNA를 어느 정도 모은 뒤에는 상보적 DNA(Complementary DNA, cDNA)를 합성했다. 상보적 DNA란 mRNA에 대응하는 DNA 가닥을 말한다. 결국 한 가닥은 RNA, 다른 한 가닥은 DNA인 이중나선이 만들어진다. RNA는 한 가닥으로만 되어 있고 RNA 분해 효소가 강력해서 쉽게 깨지지만, 일단 cDNA가 합성되면 더 이상 RNA 분해 효소가 작용하지 않아 좀더 안정적인 상태가 된다. 이 과정도 값비싼 실험 키트를 이용해 cDNA를 합성했다. 그 뒤에는 mRNA는 분해시키고 cDNA를 이중나선으로 만든 뒤 cDNA 라이브러리를 만든다.

'라이브러리'라고 하면 도서관이 떠오를 것이다. 하지만 여기서 라이브러리는 유전자를 보관하는 곳이라는 뜻이다. cDNA 라이브러리를 만들기 위해 플라스미드 DNA라고 부르는 조그만 원형 DNA에 각각의 cDNA 조각을 집어넣는다. 그리고 이 cDNA를 품은 플라스미드 DNA를 다시 실험용 대장균에 집어넣는다. 그러면 각각의 대장균은 비단잘록이 유전자를 갖게 된다. 이 대장균이 세포 분열을 하면서 비단잘록이 유전자도 함께 복제되어 양이 많아진다. 쉽게 비유하자면,

mRNA일 때는 하나만 있던 유전자가 cDNA 라이브러리 속에 들어가면 무한대로 늘어날 수 있다. (진짜 무한대라는 뜻은 아니고 이론상으로 그렇다는 얘기다.) 언제든지 이 유전자를 꺼내서 사용할 수 있기 때문에 마치 도서관에 보관된 책을 꺼내 보는 것과 같다고 해서 라이브러리라고 부르는 것이다.

사실 '합성했다', '라이브러리를 만들었다'라는 말은 간단하지만 실제 실험은 그렇지 않다. 실험은 여러 단계를 거쳐야 하기 때문에 실수하지 않도록 그 과정을 거의 외우고 각 단계마다 방법을 계속 확인한다. 실험실 안에서 하는 거의 대부분의 생물학 실험은 집중력과 침착함 그리고 끈기가 필요한 작업이다. 여기에 철저함과 꼼꼼함 그리고 섬세한 손길까지 더하면 최상이다. 솔직히 나는 이런 성품을 갖고 있지 않았는데(오히려 덜렁대고 덤벙대고 쉽게 지겨워하는 성격), 실험을 하면서 많이 바뀌었다. 내가 바뀌지 않으면 실험 결과가 나오지 않으니까!!! 실험이 꽝 날 때마다 부주의함을 수없이 자책하고 고가의 실험 키트를 날려먹은 것을 미안해하다 보면(엄청 눈치 보인다) 사람이 바뀐다. 가보지 않아서 잘 모르겠지만, 군대만큼이나 확실하게 사람이 바뀌는 곳은 실험실이 아닐까 싶다.

한 번에 되는 실험도 없지만 한 번만 해도 되는 실험은 없다

박사 과정에서 cDNA 라이브러리를 만드는 것은 연구 준비에 불과했다. 이제 본격적으로 성분화에 관여하는 유전자를 찾아야 했다. 비단잘록이 암배우체와 수배우체는 생식세포를 만드는 부분을 제외하고는 똑같이 생겼기 때문에 유전자의 발현이 서로 다르면 성분화 관련 유전자일 가능성이 높다. 그런데 암배우체와 수배우체에서 서로 다르게 발현되는 유전자를 어떻게 찾는단 말인가?

이 문제를 해결하기 위해 차등 스크리닝(Differential Screening) 방법을 사용했다. 우선 비단잘록이 유전자를 갖고 있는 cDNA 라이브러리의 대장균을 액체 배지에서 각각 따로따로 키웠다. 매일 아침 뿌옇게 자란 대장균을 확인하면 내 마음도 뿌듯해졌다. 잘 자란 대장균 24개를 한 세트로 해서 플라스미드 DNA를 뽑았다. 보통 점심 먹기 전에 한 세트, 점심 먹은 뒤에 세 세트, 총 네 세트(대장균 96종류)에서 플라스미드 DNA를 뽑았다. 지금은 이것도 키트가 있어서 쉽게 할 수 있는데, 당시는 시약도 직접 만들었고 과정도 지금보다 복잡했다. 대장균에서 플라스미드 DNA를 뽑은 뒤 이 96개 유전자를 하나의 특수 종이로 옮겼다. 이때 공기를 빨아들이는 진공 펌프를 활용했다. 이것은 홍주봉 교수님께 견적서를 내밀었고, 흔쾌히 구입해주셨다. 지금 생각하면 홍주봉 교수님은 식물분자생물학을 연구하셨고 실험실에는 식물을 연구하는 대학원생이 많았는데, 나에게까지 연구비를 지원해준 것은 정말 고마운 일이었다. 물론 당시 과학 재단에서 홍조류의 성분화와 관련한 연구비를 받긴 했지만, 자꾸 실험이 실패하는 바람에 항상 돈이 부족했다.

플라스미드 DNA를 특수 종이에 옮길 때 똑같은 것을 두 벌 만들었다. 하나는 암배우체, 다른 하나는 수배우체 유전자와 결합시켜 서로 다르게 보이는 것을 찾기 위해서였다. 이때 사용하는 암배우체와 수배우체의 유전자를 DNA 탐침(Probe)이라고 한다. DNA 탐침을 만들기 위해 mRNA에서 cDNA를 합성할 때 형광 물질을 끼워 넣는다. 형광 물질이 들어간 DNA를 특수 종이 위에 있는 비단잘록이 유전자와 결합시키는 것이다. 이때 암배우체에서 발현되지 않는 유전자는 암배우체 특수 종이에서 형광을 내지 않는다. 반대로 수배우체도 마찬가지다. 이 특수 종이를 잘 말린 뒤 암실에 들어가 필름 위에 얹어놓으면 형광 물질 때문에 필름에 감광이 된다. 감광되는 데도 하루 정도 걸리므로 필름이 들어간 케이스를 냉동실에 넣고(온도가 낮을수록 시간이 적게 걸린다) 기다린다. 그리고 다음 날 필름에 새겨진 검은색 동그란 시그널을 암배우체와 수배우체 사이에 서로 비교한다. 여기서 큰 차이를 보이는 것을 찾아야 하는데, 거의 대부분 비슷한 시그널이 나온다. 이렇게 최종 결과를 확인하기까지 수많은 과정을 거쳐야 한다. 그런데 이런 일을 2~3일을 주기로 계속 반복했다. 암배우체와 수배우체가 서로 다른 신호를 보내는 유전자를 찾을 때까지.

이렇게 해서 암배우체와 수배우체가 서로 다른 신호를 보이는 유전자를 찾는다 해도 아직 끝이 아니다. 다시 한 번 암배우체와 수배우체에서 정말 다르게 발현하는지 확인해야 한다. 암배우체, 수배우체, 포자체 그리고 생식기를 아직 만들지 않은(아직 성분화가 일어나지 않은) 어린 개체에서 각각 RNA를 뽑아 전기영동을 했다. 다시 RNA다. 정말 조심해야 한다. 특수 종이에 RNA를 옮기고 위에서 선별한 후보 유전자에 형광 물질을 집어넣은 뒤 결합시킨다. 여기서 어느 한 가지 종류(암배우체나 수배우체)에서만 시그널이 나오는 것을 찾으면 성분화에 관여하는 유전자라고 할 수 있다. 그런데 대부분의 후보 유전자가 암배우체, 수배우체, 포자체 그리고 어린 개체에서 거의 비슷한 시그널을 보였다. 기대와 실망이 교차하는 나날이었다.

아무리 반복해도 결과는 나오지 않고 마음은 갈수록 조급하다 보니 누가 시키지 않아도 실험실에서 밤을 새우는 날이 점점 많아졌다. 어떤 날은 실험 테이블에 잠깐 엎드려 눈을 붙였다가 전기영동 하던

DNA가 다 빠져나가기도 했다. 잠을 깨고 나서 얼마나 허망하던지. 이럴 줄 알았으면 그냥 발 뻗고 편히 잘 걸 싶었다.

논문에 싣는 데이터 하나를 얻기까지 한 번에 되는 실험은 없다. 조금씩 방법을 바꾸며 계속 반복하고, 그런 반복과 개선을 통해 결과를 얻는다. 설령 결과가 나왔다 하더라도 실험을 멈출 수는 없다. 반복해서 동일한 결과가 나오는지 확인해야 한다. 데이터는 어느 누가 실험하더라도 논문에 실린 방법대로 하면 동일한 결과를 얻을 수 있어야 하기 때문이다.

중학교 2학년, 과학 실험 대회에 나갔을 때였다. 교과서에 나온 실험은 이미 수십 번씩 반복했기 때문에 자신 있게 대회에 참석했다. 그런데 교과서에 나오지 않는 실험이 과제로 나왔다. 당황하지 않고 침착하게 함께 대회에 참가한 친구와 실험을 마무리했다. 예상했던 대로 결과가 잘 나와서 보고서를 정리했는데, 시간이 남았다. 우리는 심사위원이 올 때까지 차분히 기다렸다. 심사위원이 왔을 때 질문에도 대답을 잘 했다. 당연히 상을 받을 줄 알았다. 그런데 수상자를 부를 때 '성남여중'은 끝내 나오지 않았다. 처음엔 이해할 수 없었는데, 심사위원 선생님의 설명을 듣고는 결과를 받아들였다.

"어떤 학생들은 실험을 일찍 끝내고 가만히 있던데, 실험은 반복해서 결과를 얻는 것이 중요합니다."

우리 팀 이야기였다. 그때 "실험은 반복"이라는 말이 뼛속에 새겨졌다.

논문을 내거나 아니면 사라지거나

"Publish or Perish!"

서울대 식물학과 이종섭 교수님 실험실에 붙어 있던 글귀다. 교수님이 붙여놓았는지 아니면 교수님의 제자가 붙여놓았는지는 잘 모르겠지만, 이 말은 과학자의 운명을 정확하게 보여준다. 논문을 출판하지 않으면 과학계에서 사라진다!

논문은 과학자의 언어다. 논문은 과학자들이 발견한 새로운 사실을 과학계에서 인정받는 유일한 길이다. 모든 과학자가 그런 것은 아니지만, 많은 과학자에게 논문은 애증의 대상이다. 좋은 논문을 써서 연구자로 인정받고 싶은 마음은 가득한데, 논문을 쓰는 과정이 실험하는 것만큼이나 (때로는 그보다 더) 어렵고 힘들기 때문이다. 논문은 다른 과학자들에게 냉정한 평가를 받아야 출판할 수 있다. 이른바 사전 심사(Peer Review)를 거쳐야 하는 것이다. 해당 분야를 충분히 이해하는 과학자가 꼼꼼하게 따져보며 그 논문에 나온 연구 방법과 결과가 믿을 만한 것인지 평가한 뒤에야 출판물로 나온다. 그러나 과학자도 사람인지라 사회에서 통용되는 '관계의 법칙'이 여기서도 어느 정도는 통한다.

나는 논문을 투고할 때마다 '제발 까다롭지 않고 친절한 심사위원을 만나길' 간절히 바란다. 까다로운 심사위원에게 논문이 가면, 납득하기 어려운 지적을 받으며 퇴짜를 맞는 경우가 있기 때문이다. "미안하지만 우리 학술지에 귀하의 논문을 실을 수 없습니다"로 시작되는 편지를 받으면 세상이 무너지는 것 같은 절망감이 몰려온다. 때로는 몇 년 동안 준비하고 실험한 결과를 퇴짜 맞기도 하는데, 그럴 때면 내가 이걸 왜 했나 싶은 자괴감이 들기도 한다.

한편, 국제적 네트워크를 잘 구축해 친분 있는 과학자가 심사를 맡는 경우 수월하게 논문이 통과되기도 한다. 그러나 국내에서 박사 학위를 받고 박사후연구원 과정도 국내에서 하면 국제적 네트워크가 거의 없기 때문에 이런 행운을 기대하기 어렵다. 유학을 가면 좋은 점 중 하나는 대학원에서 이런 네트워크를 자연스럽게 구축할 수 있다는 것이다.

가끔 심사위원이 많은 관심을 갖고 있는 연구인 경우, 우호적인 심사 결과를 받기도 한다. 하지만 반대로 경쟁 연구자가 심사위원인 경우는 일부러 심사를 지연하고 자기 논문을 재빨리 투고하는 얍삽한 일도 벌어진다. 과학자라고 해서 감정을 배제한 채 모든 일을 합리적으로 진행하는 것은 아니다.

첫 논문을 쓸 때 나의 문제는 대학원에서 논문 쓰는 방법을 제대로 배우지 못했다는 것이었다. 무작정 논문을 많이 읽으면서 경험으로 이렇게 써야겠구나 하는 감만 잡았다. 대학원에서 논문 쓰기 수업이 하나 있었는데, 주로 철자법이나 형식이 틀리지 않도록 배우는 정도였다. 다행히 이인규 교수님이 한국조류학회지 편집을 맡고 계셔서 편집 보조를 하며 어깨너머로 논문 출판 과정을 배울 수 있었다. 그러나 논문 쓰기의 가장 중요한 부분, 즉 전체적인 방향을 어떻게 구상하고 어떤 식으로 내용을 써나가야 하는지에 대해서는 배우지 못했다.

이인규 교수님이 보물처럼 간직하고 있는 게 있었으니, 그것은 바로 본인의 박사 학위 논문 원고였다. 당시는 컴퓨터가 없었기 때문에 논문을 타이핑한 뒤 수정하는 게 쉽지 않았다. 그래서 처음 타이핑한 원고에 지도 교수가 직접 수정해야 할 부분을 글로 써주면 그것을 반영해 두 번째 원고를 타이핑했다. 이렇게 수정하고 또 수정하다 보면 나중에는 고칠 부분이 얼마 없다. 이쯤 되면 수정할 내용을 다른 종이에 타이핑해서 그 부분만 오려서 붙인다. 교수님은 자신의 학위 논문을 인쇄하기까지 무려 열다섯 번이나 원고를 수정했는데, 그 원고들을 하나하나 전부 보관하고 계셨다. 그리고 제자들이 논문 원고를 보여드리면 붉은 글씨로 세밀하게 수정한 뒤 돌려주셨는데, 제자들이 너무 깐깐하다고 좀 불평하면 당신의 학위 논문 수정 원고를 보여주곤 했다.

"논문은 그 사람의 얼굴이다. 한 번 출판하면 더 이상 고칠 수 없다. 한 줄 한 줄에 최선을 다해야 한다." 교수님의 오래된 타이핑 원고를 보고 나면 논문 수정에 대해 감히 불평할 수가 없었다.

이와 똑같은 방식으로 선배들도 학위 논문을 타이핑했다. 그러다가 내 바로 위 선배부터 컴퓨터로 석사 학위 논문을 쓰기 시작했다. 검은 화면에 간단한 명령어를 직접 타이핑하던 시절, '아래아 한글'이 처음 나왔다. 나도 개인 컴퓨터를 갖고 싶었다. 다행히 부모님이 4년 등록금에 맞먹는 거금을 지원해주셨다. 그렇게 첫 컴퓨터로 매킨토시를 샀다. 논문을 쓰려면 그래프를 그려야 하는데, 당시 일반 컴퓨터에는 그런 기능이 없었기 때문이다. 형광 염색을 통해 정상적인 암배우체, 수배우체 그리고 이상 생식 현상을 보이는 개체의 핵의 면적을 측정하고, 이것을 그래프로 그렸다. 석사와 박사 1년차 때 한 연구 내용을 논문으로 정리한 것이다. 컴퓨터로 데이터를 잘 정리해 그래프를 그렸을 때는 내가 정말 과학자가 된 듯한 기분이 들었다.

논문을 보면 저자가 여러 명인 경우가 대부분이다. 이때 제일 처음에 이름을 올린 사람을 '제1 저자'라고 하고, Corresponding Author라고 표시한 사람을 '교신 저자'라고 한다. 보통 제1 저자가 실험이나 분석을 가장 많이 하며, 교신 저자는 연구 방향과 연구비를 제공하고 논문 내용에 대해 최종 책임을 진다. 논문은 주로 제1 저자가 쓰고 수정은 교신 저자가 한다. 다른 저자들은 실험의 일부를 도와주고 논문도 자기가 실험한 부분에 대해서만 쓴다.

내가 제1 저자로 첫 논문을 쓸 때, 홍주봉 교수님이 많은 도움을 주셨다. 교수님은 한 번에 몇 문장도 고치지 못한 채 끙끙대고 있는 나를 인내심을 갖고 기다려주셨다. 교수님이 비슷한 내용의 원고를 수십 번 읽으며 수정해주시는 동안 내 논문은 차츰 형태를 잡아갔다. 첫 번째 논문을 완성하는 데 1년도 넘게 걸렸다. 실험에 몰두한 석사 2년과 박사 1년, 그리고 논문 쓰는 데 1년, 이렇게 총 4년이 흐른 뒤 첫 번째 논문을 학술지에 투고한 것이다. 일단 당시 조류학 분야에서 가장 평이 좋은 학술지에 투고했다. 여기서 안 되면 두 번째 학술지에 투고하려 했는데, 다행히 첫 번째 학술지에서 부분 수정 후 게재한다는 심사 결과가 나왔다. 심사위원의 수정 요구에 따라 논문을 고쳐 다시 투고하면 편집장이 최종 결정을 내린다. 이렇게 해서 대학원에 들어온 지 5년 만에 제1 저자로 첫 논문을 냈다.

학위 논문과 학술지 논문은 성격이 다르다. 학위 논문은 말 그대로 학위를 받기 위해 쓰는 논문이다. 지금이야 학위 논문도 파일로 잘 보관해 쉽게 내용을 볼 수 있지만, 당시에는 각 대학 도서관에 보관된 학위 논문을 보는 게 거의 불가능했다. 게다가 학위 논문에는 두 가지 이상의 연구 주제가 포함되기도 한다. 그러나 학술지 논문에는 한 가지 연구 주제만 다뤄야 한다. 그리고 학술지는 많은 대학 도서관에서 구입하기 때문에 세계 어디서나 읽을 수 있다. 그래서 학술지에 논문을 내야 하는 것이다.

학술지 논문은 아니지만 큰 학회에서 짧은 논문을 모아 책자를 만들기도 하는데, 이것을 프로시딩(Proceeding)이라고 한다. 예전에는 인터넷이 없었기 때문에 프로시딩은 널리 배포되지 않았다. 마치 책처럼 특별히 구입해야만 볼 수 있었다. 그 때문에 이것을 논문으로 여기지 않았고, 프로시딩에 냈던 데이터를 다시 정리해서 학술지에 투고하는 것이 일반적이었다. 그런데 프로시딩도 인터넷을 통해 볼 수 있게 되면서 점차 이를 논문으로 인정하는 분위기로 바뀌고 있다. 이 과정에서 중복 게재 시비가 생기기도 한다. 송유근 군의 논문 철회 사건이 바로 여기에 해당한다.

나도 논문을 한 편 철회한 일이 있다. 극지연구소 연구원으로 있다가 박사 과정을 밟은 학생이 쓴 논문이었다. 나는 교신 저자로서 논문을 직접 투고하는 편인데, 학생 입장에서는 논문 투고 과정을 경험하는 것도 중요한 일이라고 생각하기 때문에 제1 저자인 대학원생에게 맡기는 경우가 있다. 순조롭게 심사를 통과하고 인터넷판에 논문이 실렸는데, 재료 및 방법에 대해 쓴 한 문장이 다른 논문과 동일하다는 지적이 들어왔다. 표절 검사까지 마친 후 논문을 투고하라고 맡겼건만 낭패였다. 어찌 된 일인지 알아보니 대학원생이 투고 바로 직전 한 번 더 수정하면서 그 문장을 추가했다는 것이다. 사실 동일한 방법으로 분석하는 경우가 많기 때문에 재료 및 방법에 대해서는 기존 논문과 다르게 쓰는 것이 쉽지는 않다. 그래서 종종 거의 비슷한 문장이 들어가기도 한다. 하지만 세 단어 이상 동일하면 표절이 되기 때문에 주의해야 하는데, 그 대학원생이 처음 논문을 출판하다 보니 이런 일이 생긴 것이었다. 어쨌든 책임은 교신 저자의 몫이다. 편집장한테 정직하게 상황을 설명하고 인터넷판에 올라간 논문은 철회했다. 다행히 표절이 단 한 문장에 불과하고, 대학원생의 경험 부족으로 인해 생긴 일이었기 때문에 편집장은 그 상황을 이해해주었고, 최종 인쇄물에 수정된 논문을 실을 수 있었다. 교신 저자가 져야 할 책임을 무겁게 받아들이게 된 값진 경험이었다.

박사 학위를 받다:
나의 20대는 어디로 갔을까

비단잘록이의 성분화에 관여하는 유전자를 찾는 실험을 무한 반복했다. DNA가 뽑히지 않을 때 같은 절망은 아니었지만, 그래도 과연 내가 이 실험으로 유전자를 찾을 수 있을지 불안해졌다. 1차 실험에서는 차이를 보였던 유전자가 2차 실험에서는 차이를 거의 보이지 않는 일이 계속 반복되었기 때문이다. 처음엔 2~3주 안에 유전자를 찾을 거라는 기대를 갖고 시작했는데, 의외로 암배우체와 수배우체 사이에 차이가 나는 유전자는 쉽게 나오지 않았다. 똑같은 일을 반복하며 거의 1년을 보냈다. 그러다가 드디어 성분화와 관련이 있음직한 유전자를 하나 찾았다. 암배우체에서만 나오고 수배우체나 포자체에서는 발현되지 않는 유전자였다. 그리고 얼마 뒤에는 반대로 암배우체에서는 나오지 않고 수배우체와 포자체에서 발현되는 유전자도 하나둘 나왔다.

'졸업은 할 수 있겠구나!' 희망이 보였다.

이제 이 유전자들의 정체를 파악할 때가 되었다. 유전자의 정체는 염기서열 분석을 통해 알아낸다. DNA에는 염기라는 부분이 있는데, 지구상의 모든 생물체는 아데닌(A), 구아닌(G), 시토신(C), 티민(T)이라는 네 가지 종류의 염기를 갖는다. 이 염기의 배열에 따라 아미노산이 정렬되고 단백질의 구조와 기능이 결정된다. 따라서 이 염기서열을 알면 유전자의 실체에 가까워진다. 그래서 A, G, C, T 염기가 어떤 순서로 배열되어 있는지 알려고 하는 것이다. 이것을 염기서열 결정 또는 시퀀싱(Sequencing)이라고 부른다.

내가 박사 과정을 밟을 당시에는 ^{32}P 동위원소로 표지된 인산기를 갖는 뉴클레오티드(Nucleotide)를 이용해서 염기의 배열 순서를 분석했다. DNA를 구성하는 기본 단위는 뉴클레오티드라고 부르는 분자다. 뉴클레오티드의 몸통은 탄소 5개로 만들어진 당(Sugar)이고, 여기에 염기와 인산기가 붙어 있다. 인산기는 다른 뉴클레오티드 분자의 3번 탄소에 붙어 있는 -OH와 결합할 수 있다. 이렇게 뉴클레오티드 분자들이 결합하면 기다란 사슬처럼 연결될 수 있는 것이다. 그런데 3번 탄소에서 산소(O)가 사라지고 수소(H)만 남으면 더 이상 인산기와 결합을 할 수 없어 사슬이 여기에서 멈춘다. 이렇게 3번 탄소에서 산소가 사라진 분자를 디디옥시뉴클레오티드(dideoxynucleotide)라고 부르는데, 2번과 3번 탄소에서 총 2개의(di-) 산소가 사라진(deoxy-) 뉴클레오티드라는 뜻이다. 이것을 이용해서 길이가 서로 다른 다양한 크기의 DNA

분자를 만들 수 있다. 염기를 각각 구분해서 디디옥시뉴클레오티드를 넣어주면 DNA 사슬이 중단된 위치가 A, G, C, T 중 어느 것인지 알아낼 수 있다. ^{32}P 동위원소가 필름에 검은색으로 흔적을 남기면 '사다리 타기'를 할 때 가로로 금을 그은 것처럼 가로줄이 만들어진다. 이것을 DNA 지문(Fingerprint)이라고 부르는데, DNA 지문에서 차례대로 어떤 염기에 가로줄이 생겼는지 확인하면 염기의 순서를 알 수 있는 것이다.

시퀀싱 실험도 한 번 하는 데 일주일 이상 걸렸다. 방사선 동위원소와 디디옥시뉴클레오티드를 넣고 DNA 합성을 하는 데 하루, 이것을 전기영동 하는 데 또 하루, 전기영동 한 뒤 필름에 감광시키는 데 하루에서 이틀, 필름을 읽어 염기서열을 확인하는 데 또 시간이 걸렸다. 지금은 사정이 많이 좋아져서 시퀀싱을 전문 회사에 맡기면 5일 이내에 염기서열 또는 유전자 정보를 받아볼 수 있다. 그 5일 동안 다른 실험을 하면 된다. 게다가 염기서열 분석법도 끊임없이 바뀌어 동위원소 대신 지금은 형광 물질을 사용한다. 전기영동 방법도 미세한 모세관(Capillary)으로 개선되었다가 지금은 그냥 PCR(Polymerase Chain Reaction, 중합 효소 연쇄 반응)를 하는 동시에 결과를 확인할 수 있다. 심지어 한 번에 수십만 개의 염기서열을 동시에 분석할 수도 있다. 그래도 실험은 끝없는 기다림과 인내의 연속이다.

염기서열이 결정되면 아래와 같은 암호문을 받는다.

ACATTTGCTTCTGACACAACTGTGTTCACTAGCAACCTCAAACAGA
CACCATGGTGCATCTGACTCCTGAGGAGAAGTCTGCCGTTACTGC
CCTGTGGGGCAAGGTGAACGTGGATGAAGTTGGTGGTGAGGCC
CTGGGCAGGTTGGTATCAAGGTTACAAGACAGGTTTAAGGAGAC
CAATAGAAACTGGGCATGTGGAGACAGAGAAGACTCTTGGGTTTC
TGATAGGCACTGACTCTCTCTGCCTATTGGTCTATTTTCCCACCCTT
AGGCTGCTGGTGGTCTACCCTTGGACCCAGAGGTTCTTT

이것은 적혈구 헤모글로빈 유전자의 일부인데, 이 상태로는 사실 어떤 유전자인지 알 수가 없다. 맨 처음에 유전자의 정체를 파악하는 일은 다양하고 복잡한 실험을 해야 가능했지만, 지금은 유전자 데이터베이스에서 기존에 알려진 유전자와 얼마나 비슷한지 비교하며 좀더 쉽게 유전자 이름을 알아낼 수 있다.

유전자 데이터베이스를 만드는 과정에서 미국과 유럽 사이에 경쟁이 있었다. 기하급수적으로 늘어나는 유전자 정보를 저장하고 관리하며 효율적으로 이용하도록 시스템을 개발하는 데 엄청난 비용과 인력과 노력이 필요했다. 크고 작은 다양한 유전자 DB가 수도 없이 만들어졌다 사라지고, 결국 미국의 NCBI(National Center for Biotechnology Information)와 유럽의 EMBL(European Molecular Biology Laboratory)이 승자로 남았다.

먼저 암배우체에서만 발현되는 유전자의 염기서열을 알아낸 뒤, 이것을 이메일로 NCBI에 보냈다. 그리고 며칠 뒤 그 결과를 받았다. (지금은 1분 이내에 바로 결과를 알 수 있다.) 기존에 알려진 열충격단백질(Heat-Shock Protein 90, hsp90)과 비슷한 유전자라고 했다. 도무지 이해할 수가 없었다. 열충격단백질은 생물이 뜨거운 데 노출되면 만들어진다. 열을 받으면 나오는 단백질에도 여러 종류가 있어 단백질 크기에 따라 hsp20, hsp60, hsp70, hsp84, hsp96 등 다양하게 구분된다. 유전자 이름은 알았지만 도대체 이 유전자가 비단잘록이 암배우체에서 무슨 일을 하는지, 왜 수배우체나 포자체에서는 발현되지 않는지 알 수가 없었다. 또 다음 실험을 해야 한다는 뜻이었다.

암배우체에서는 발현되지 않고 수배우체나 포자체에서 발현되는 유전자는 여러 개 찾았는데, 그중 대부분은 어떤 유전자인지 알 수 없었다. 당시엔 염기서열이 알려진 유전자가 많지 않았기 때문에 '미확인 유전자'로 나왔다. 다행히 그중 하나는 유전자의 기능이 알려졌는데, 장기 이식을 할 때 발생하는 면역 반응을 억제하는 약물인 사이클로스포린(Cyclosporin) A에 결합하는 사이클로필린(Cyclophilin)이었다. 도대체 면역 억제와 비단잘록이의 성분화가 무슨 관련이 있다고……. 유전자 이름을 찾으면 길이 보일 줄 알았는데 오히려 더 오리무중이었다.

과학자는 자연 속에 숨어 있는 비밀을 밝히는 사람들이다. 그것은 새로운 사실을 찾아내는 것뿐만 아니라 의미를 알아내는 것도 포함한다. 바닷속에 사는 홍조류인 비단잘록이에서는 hsp90 유전자가 암배우체에서만 발현하고, 사이클로필린 유전자는 암배우체에서만 발현되지 않는다는 새로운 사실을 찾아냈다. 비단잘록이한테 이 같은 유전자들이 어떤 의미가 있는지를 찾아내는 것은 또 다른 연구 영역이었다. 우선 이들 유전자에 대해 연구한 기존 논문들을 다 찾아 읽어보고, 거기서 실마리를 찾기 시작했다. 그런 뒤 필요한 추가 실험이나 분석을 했다. 우리가 빵을 만들 때 사용하는 효모에도 hsp90이 있는데; 여기서 배우체 형성에 이 유전자가 관여한다는 것이 알려져 있었다. 게다가 초파리의 경우는 hsp90 유전자를 망가뜨렸더니 몸이 비정상인 개체가 만들어졌다. 각 개체마다 형태가 이상해진 부분이 각각 달랐다. 이것은 hsp90이 다양한 유전자 발현에 관여할 수 있다는 것을 의미한다. 이번에는 세포학 실험을 잘 하는 후배의 도움을 받아 실제 암배우체에서만 hsp90 유전자가 발현된다는 것을 확인하고 논문을 발표했다.

한편 사이클로필린 유전자의 경우는 사람뿐만 아니라 곰팡이, 식물, 곤충 등 다양한 생물에서 유전자가 알려졌는데, 그 구조를 비교해보니 두 가지 큰 그룹으로 구분할 수 있었다. 그래서 따로 추가 실험은 하지 않고 기존에 알려진 유전자들을 모아 염기서열을 비교 분석해 이 유전자에 대한 새로운 정보를 논문으로 출판했다.

이미 세 편의 논문이 학술지에 실렸지만, 박사 학위 논문을 쓰는 것은 또 다른 이야기였다. 전체적으로 큰 흐름을 잡아 서론과 결론을 써야 했고, 세포학적 연구 결과와 분자생물학적 연구 결과도 서로 조금은 연결을 시켜야 했다. 당시 박사 학위 논문은 우리말로 써도 되었는데,

굳이 영어로 쓰느라 더 힘들었다. 집중하기 위해 교회 지하실의 방 하나를 빌려 모든 자료와 책을 다 펼쳐놓고 논문을 썼다. 머리카락이 시커멓게 바닥을 덮을 정도로 집중했다. 나중에 아기를 낳고 산후 조리할 때보다 박사 학위 논문을 쓸 때 더 많은 머리카락이 빠졌다. 고맙게도 교회 지인이 보약을 지어주셔서 그걸 열심히 먹었다. 엄마는 끼니는 거르지 말라며 단감을 한 상자 보내주셨다. 나는 밥 먹으러 나갈 의욕이 없을 때마다 그 감을 하나씩 깎아 먹었다. 아주 고독한 시간이었다. 문장이 막힐 때면 내 실력의 한계가 너무나 뚜렷하게 보여 고통스러웠다.

정말 다행히 마감 시간 전에 논문을 제출하고, 심사를 통과하고, 학위를 받았다. 내 이름 뒤에 '박사'라는 타이틀이 붙었다. 이유경 박사! 생각해보니 나의 20대 전반부는 대학생으로, 후반부는 대학원생으로 서울대 관악산 기슭에서 지냈다. 특히 박사 과정 때에는 해가 떠 있을 때 집에 간 적이 거의 없을 정도로 실험실에 처박혀 살았다. 영화 한 편 보지 못하고, 때로는 추석과 설날에도 실험을 했다. 이번 실험 결과가 잘 나올까, 졸업을 할 수 있을까, 이번에 투고한 논문이 통과될까……. 때마다 마음을 졸이며 그 시간을 보냈더니 얼굴 표정이 달라져 있었다. 대학에 입학할 때는 자신감 넘치고 호기심 가득한 얼굴이었는데, 박사 학위를 받고 나서는 주눅 든 얼굴로 바뀐 것이다. 앞으로 과연 내가 독립된 연구자로 살아갈 수 있을까? 자신이 없었다.

박사 다음은
박사후연구원

사람들은 박사 학위를 운전면허와 같다고 한다. 운전면허가 있으면 혼자서 운전을 할 수 있지만, 운전면허가 있다고 모두가 운전을 잘 하는 건 아니다. 이처럼 박사도 혼자 연구할 능력은 있지만 모든 박사가 연구를 잘 하는 것은 아니다. 초보 운전자가 운전대를 잡고 도로에 나가면 당황하듯이 박사 학위를 받고 나면 앞으로 무슨 연구를 어떻게 해야 할지 막막해지기도 한다.

박사 과정에 있을 때는 연구하고 논문 쓰는 것에만 신경 쓰느라 그 이후에 대해 전혀 생각해보지 못했다. 그런데 막상 학위 논문이 통과되고 나니 막막한 현실에 눈이 떠졌다. 지금은 결혼이 늦어지는 분위기이지만, 당시에는 나이 서른 넘은 여자가 결혼을 안 한 걸 이상하게 여겼다. "그 집 딸은 서울대씩이나 나와서 왜 아직 결혼도 못하고 있어? 뭐 문제 있는 거 아니야?" 주변 사람들의 이런 말에 엄마는 마음의 상처를 받기도 했다. 한 살 아래인 여동생은 여기저기서 선보라고 연락이 오는데, 나는 가방끈이 길어 중매도 들어오지 않는다고 하셨다. 엄마는 교회 목사님께 선물을 들고 찾아가 내 결혼을 부탁했다. 여기에 부담을 느꼈는지 목사님은 박사 학위 논문이 통과되자마자 동갑내기 고시생을 소개해주셨다. 지금 이 나이에 연애할 사람을 찾기도 어려울 테고, 설령 사귄다 하더라도 그가 어떤 사람인지 알려면 시간이 걸리고, 무엇보다 소개받은 사람이 좋아 보여서 결혼하기로 했다. 가난한 고시생이던 남편은 친구한테 돈 1000만 원을 빌렸고, IMF로 정신이 없던 부모님이 어렵게 1300만 원을 마련해주셨다. 그렇게 2300만 원짜리 반지하 단칸방을 전세로 얻어 신혼 생활을 시작했다.

자연과학 분야에서는 박사 학위를 받고 바로 직장을 잡는 게 쉽지 않다. 대부분 교수가 되어 독자적인 연구실을 운영하고 싶어 하는데, 이제 갓 박사 학위를 받은 사람을 교수로 뽑는 대학은 거의 없다. 연구를 더 하며 대학에서 교수를 뽑기까지 기다려야 하는데, 이 시기를 '박사후연구원'이라고 한다. 나중에 미국에서 공부한 친구들을 보니 미리 박사후연구원으로 갈 곳을 정하고 나서 학위를 받았다. 박사후연구원을 뽑는다는 공고를 보고 자기 연구 분야와 맞는 연구실에 지원을 하는 것이다. (선발되기 위해 때로는 면접까지 봐야 한다.) 인기 있는 연구실은 졸업하기 1년 전에 미리 박사후연구원으로 지원해야 하는 경우도 있다. 그런데 나는 아무 대책 없이 덜컥 졸업을 한 것이다. 학위 논문에는 넣었지만 학술지에 투고하지 못한 부분을 정리해 논문을 쓰고 지방 대학에서 생물 관련 강의를 하며 1년을 보냈다. 학위를 받고 나는 새로운 이름을 얻었다. 실업자!

앞으로 어떻게 지내야 할지 막막할 때 이인규 교수님께서 어딘가로 전화를 하셨다. "얘를 좀 받아줘. 실험을 좀 할 수 있게 해줘." 이런 부탁에 선뜻 나를 받아준 분이 포항공대 안진흥 교수님이다. 교수님은 나의 박사 학위 논문 심사위원이기도 했다. 당시 안진흥 교수님은 벼를 연구하는 세계 최고의 연구실을 이끌고 계셨다. 식물의 형질전환 방법을 개발해 식물분자생물학 분야에서 역사의 한 장을 펼친 분이었다. 나는 마침 한국연구재단에서 박사후연구원을 지원해주는 연구비로 한 달에 100만 원씩 받았다. 정부에서 월급을 받는 셈이었다.

포항공대에서 여러 번 감동을 받았다. 포항공대에 도착한 다음 날, 본부 행정실에서 전화가 왔다. 건강보험과 국민연금에 가입된다며 자세히 설명을 해주었다. 내가 문의하기 전에 행정실에서 먼저 연락해 온 것은 서울대에서는 단 한 번도 경험하지 못한 일이었다. 대학원 때는 건강보험이나 국민연금이 없었다. 사실 그런 걸 신경 쓸 마음의 여유도 없었다. 그런데 건강보험과 국민연금에 가입된다는 말에 진짜 사회인이 된 기분이 들었다. 포항공대 행정실은 마지막에도 감동을 주었다. 포항공대를 그만두면서 제출해야 할 서류가 있어 행정실을 찾아갔더니 담당 직원이 자리에 없었다. 다시 오겠다고 하자 잠깐만 기다리라고 하면서 어딘가로 전화를 했다. 담당 직원은 바로 왔고, 두 번 들를 필요 없이 서류 제출을 끝낼 수 있었다. 서울대에서는 행정 직원들이 친절하지 않고 일을 신속하게 처리하지도 않았다. 책상에 앉아 신문이나 읽는 직원도 있었다. 한 번은 어떤 외국인 학생이 본부 직원에게 항의하는 것을 보았다. 뭔가 행정 처리가 원만하게 이루어지지 않는 상황 같았다. 외국인 학생이 말했다. "여보세요. 나를 보고 말씀하세요. 왜 나를 보지 않고 다른 곳을 보고 이야기합니까?" 아마도 상대방의 얼굴을 보지 않고 이야기하는 태도에 무시당한다는 느낌을 받은 것 같았다. 이건 물론 오래전 일이고 지금의 서울대는 그러지 않겠지.

포항공대의 친절은 행정실에서 그치지 않았다. 주말부부였던 나는 매주 월요일 아침 첫 비행기로 포항에 내려갔다. 공항에서 학교까지 포항공대 셔틀버스를 운행해 편안하게 출근할 수 있었다. 그런데 어느 날 항공사에서 비행기 시간을 변경했다. 오늘은 택시를 타고 가야겠구나 하며 공항 문을 나섰는데, 셔틀버스가 바뀐 비행기 시간에 맞춰 대기하고 있었다. 이런 감동!

기숙사와 실험실은 24시간 개방되어 있었고, 식당은 늦은 밤까지 분식을 팔았다. 실험을 마치고 밤 12시쯤 기숙사로 들어가다 사 먹는 라면과 짜장면은 정말 맛있었다. 포항공대는 결혼한 대학원생들을 위해 아파트형 기숙사도 제공했다. 집이 해결되어서 그런지 박사 과정 도중에 결혼하는 학생이 꽤 있었다. 학교 안에 멋진 통나무 맥줏집도 있었다. 포항공대를 설립한 고 박태준 이사장이 한 번은 학교에 들러 건의사항 있으면 말해보라고 했단다. 그러자 한 학생이 학교 주변에 아무

것도 없어서 너무 불편하니 조그만 포장마차라도 하나 있으면 좋겠다고 했다. 이에 박태준 이사장이 2층짜리 통나무집을 만들어줬다는 일화가 있다.

아침에 기숙사를 나와 산책하듯 연구실로 걸어가는 그 시간이 너무 좋았다. 연구실로 걸어가다 하루는 문득 지금 내 나이에 부모님은 무엇을 했을까 하는 생각이 들었다. 서른하나. 이 나이에 아빠는 이미 세 아이를 둔 가장으로 집안을 책임지고 계셨다. 밤 12시가 넘도록 나무를 썰고 망치질하며 찬장을 만들어 가구점에 납품했다. 어릴 적 잠자리에 들 때 종종 아버지의 망치 소리를 듣곤 했다. 나이 서른하나에 아빠는 그렇게 가장이라는 무거운 짐을 지고 계셨다. 그동안 전혀 돌아보지 못했던 가족이 마음에 들어왔다. 졸업하고 바로 결혼한 데다 포항으로 내려오니 친정에는 더 발길이 뜸해졌는데, 연구에만 몰두하느라 가족에게 무관심했던 것이 미안했다.

대학원 다닐 때는 거의 집에 가지 못했다. 가끔 엄마가 만든 반찬을 아빠가 가져와 두고 가셨다. 한 번은 닭죽을 큰 냄비에 가득 끓여 가져오신 적이 있다. 아직도 따끈한 그 닭죽을 먹으며 코끝이 찡했더랬다. 포항공대에서 내 나이를 확인하며 부모님을 떠올렸던 그날, 아버지의 망치 소리와 엄마가 끓여준 닭죽의 따스함이 기억났다.

2부

과학 하기

유전자를
바꿀 수 있다

형질전환(Transformation)이란 외래의 유전자가 어떤 생물에 들어가서 발현되는 것이다. 형질전환은 원래 자연에서도 일어난다. 예를 들어 항생제를 먹으면 죽던 박테리아가 주변에 있는 항생제 저항성 유전자를 받아들이면, 그 항생제를 먹어도 죽지 않게 되는 경우가 있다. 과학자들은 실험실에서 형질전환을 유도해냈다. 생명 현상을 조작하는 방법을 개발한 것이다. 이러면 마치 과학자가 생명 창조의 영역에 도전하는 겁 없는 (누군가에게는 위대하고 다른 누군가에게는 위험한) 사람들처럼 보이겠지만, 과학자들은 그저 어떻게 될지 궁금해서 유전자를 도입해보는 것이다.

박테리아의 형질전환은 플라스미드라는 조그맣고 복제 가능한 DNA 조각을 이용한다. 플라스미드는 원래부터 박테리아 형질전환에 가담

했던 것으로, DNA의 시작과 끝부분이 서로 연결되어 동그란 원 모양을 하고 있다. 박테리아마다 갖고 있는 플라스미드 개수도 다르고 크기도 다양하다. 물론 플라스미드에 들어 있는 유전자의 종류도 제각각이다. 형질전환을 하려면 먼저 플라스미드 한 군데를 잘라 관심 있는 유전자를 집어넣고 다시 잘 붙인다. 그렇다고 DNA를 가위로 자르고 풀로 붙이는 것은 아니다. 분자 세계의 가위와 풀은 다양한 효소다. 이렇게 외래 유전자가 들어간 플라스미드를 재조합 DNA(Recombinant DNA)라고 부른다.

외래 유전자가 무엇이냐에 따라 박테리아는 착한 친구가 될 수도 있고 위험한 적군이 될 수도 있다. 예를 들어 당뇨병 환자에게 필요한 인슐린 유전자를 박테리아에 도입해 인슐린을 대량 생산하면 박테리아는 우리의 고마운 친구가 된다. 실제로 제약 회사 일라이 릴리(Eli Lilly)에서 이런 방법으로 인슐린을 세계 최초로 생산해 휴물린(Humulin)이라는 이름으로 판매하고 있다. 이 제품에는 재조합 DNA에서 유래한 사람 인슐린〔Human Insulin(rDNA origin)〕이라는 설명이 달려 있다. 한마디로 박테리아가 단백질 의약품의 생산 공장이 된 것이다. 말로는 간단하지만, 이는 훨씬 더 복잡한 과정을 거쳐야 하고 각 단계단계마다 수많은 과학자들이 기술을 개발하고 개선해왔다. 이렇게 실제 활용이나 제품 개발을 위해 연구하는 것을 R&D(Research and Development)라고 하며, 이것이 여러 가지 특허로 연결된다.

박테리아는 비교적 형질전환이 간단했지만, 식물의 경우 플라스미드를 갖고 있지 않기 때문에 형질전환이 불가능해 보였다. 그러나 자연 상태에서 식물에 유전자가 도입되는 현상이 있었고, 과학자들은 이런 현상을 놓치지 않았다. 사과, 배, 포도, 호두, 장미 뿌리에 혹처럼 단단한 덩어리가 생기면서 식물이 잘 자라지 못하는 병이 있다. 근두암종병이라는 근엄한 이름이 붙은 이 병은 아그로박테리움 투메파키엔스(*Agrobacterium tumefaciens*)라는 더 근엄한 이름의 박테리아가 일으킨다. 이 박테리아에 들어 있는 플라스미드는 식물 세포로 들어가서 병을 일으켜 '종양을 유발하는 플라스미드(Tumour-inducing Plasmid)'라는 뜻으로 'Ti 플라스미드'라고 부른다. Ti 플라스미드에서 병을 일으키는 유전자를 제거하고 식물에서 발현시키고 싶은 유전자를 집어넣으면 식물도 형질전환을 할 수 있다. 실제 식물을 형질전환하는 과정은 좀더 복잡한데, 아무튼 Ti 플라스미드를 이용해 식물에 외래 유전자를 도입하는 방법을 처음 개발한 분이 바로 포항공대의 안진흥 교수님이다.

식물 형질전환은 농업에 큰 변화를 가져왔다. 해충 저항성이나 제초제 저항성을 갖는 옥수수와 콩, 면화가 대량으로 재배되고 있다. 해충 저항성 식물은 식물에 박테리아의 유전자를 도입해서 만든다. 바실루스 투린기엔시스(*Bacillus thuringiensis*)라는 토양 미생물이 병을 일으키는 곤충을 죽인다는 것은 20세기 초부터 일찌감치 알려졌다. 농부들은 이 박테리아를 농작물에 뿌려 곤충이 식물을 갉아먹지 못하게 해왔다. 과학자들은 곤충을 죽이는 물질이 이 박테리아가 합성한 어떤 단백질 때문이라는 것을 발견했고, 이 단백질을 박테리아 이름의 첫 글자를 따서 'Bt 단백질'이라고 불렀다. Bt 단백질은 평소에는 비활성 상태로 있지만, 곤충의 소화관에 들어가면 강한 알칼리성 소화액에 의해 단백질이 변하면서 활성 상태가 된다. 이 활성 상태의 Bt 단백질은 곤충의 소화관 표면에 있는 특정한 단백질과 결합해 소화관에 구멍을 뚫는다. 이 구멍으로 장내에 있던 박테리아가 다른 부위로 이동하면서 곤충이 죽게 되는 것이다. 이 단백질을 만드는 Bt 유전자를 식물에 도입해 발현시켰더니 식물에서 Bt 단백질을 합성했고, 예상대로 곤충의 피해를 줄일 수 있었다.

그러나 유전자 변형(Genetically Modified, GM) 식물은 사람들의 걱정을 불러일으켰다. "Bt 단백질이 사람의 장에서도 구멍을 내면 어떻게 하지?" "장에 구멍을 뚫지는 않더라도 우리 몸에 들어와 전혀 예상하지 못했던 부작용을 일으키면 어떻게 하지? 사람에게는 낯선 단백질이니까 면역 반응을 일으킬 수 있지 않을까?" 그러나 반대로 곤충을 죽이기 위한 살충제를 뿌리지 않아도 되기 때문에 오히려 친환경 농사를 지을 수 있고 사람에게도 잔류 살충제로 인한 피해가 없어 더 좋을 것이라는 의견도 있다.

유전자 변형 콩이나 옥수수는 우리나라에서 대량 수입하고 있다. 그러나 이것들은 콩기름이나 옥수수기름 같은 식품을 만드는 데 사용하기 때문에 GMO라는 표시가 붙지 않는다. 유전자 변형 생물을 사용하더라도 최종 산물에 DNA나 단백질이 남아 있지 않거나 원재료 중 많이 사용한 5순위 안에 포함되지 않으면 GMO 표시 의무가 없기 때문이다. 콩기름이나 옥수수기름은 99.9퍼센트가 지방이라 변형된 유전자나 단백질이 남지 않기 때문에 GMO 표시 의무에서 벗어나는 것이다.

박사후연구원일 때 나의 연구 주제는 홍조 비단잘록이의 형질전환 시스템을 개발하는 것이었다. 당시 안진홍 교수님 연구실은 우리의 주식인 쌀을 연구했다. 수만 가지의 돌연변이 벼를 만들어 유전자 각각의 기능을 확인하는 엄청난 대형 연구 프로젝트를 수행하고 있었다. 2명의 박사후연구원과 10여 명의 박사 과정 학생, 5~6명의 식물 배양 연구원과 4~5명의 여성 연구 보조원이 돌연변이 벼에만 집중했다. 이런 연구실에서 홍조류를 키우기 위해 바닷물이 필요하다고 말씀드렸더니 안진홍 교수님은 본인의 차를 몰고 바닷가로 함께 가주셨다. 본인의 연구에 전혀 도움이 되지 않는 홍조류 연구에 실험실 한쪽 구석을 내주고 값비싼 연구 장비와 시약도 마음껏 사용하도록 배려해주셨다. 덕분에 그때까지 아무도 하지 않던 홍조류의 형질전환이라는 새로운 실험에 도전할 수 있었다.

당시 생물을 형질전환하는 방법은 세 가지 정도가 있었다. 플라스미드를 이용하는 방법, 아주 미세한 금속 입자에 DNA를 붙여 총으로 쏘듯이 생물에 집어넣는 방법, 가벼운 전기 충격을 주는 방법. 그중에서 식물처럼 Ti 플라스미드를 이용해보기로 했다. 플라스미드가 생물에 잘 들어갔는지를 알아보는 방법으로는 항생제를 처리하는 것과 형광물질을 확인하는 방법이 있었다. 즉 플라스미드에 항생제 저항성 유전자나 형광 물질을 만드는 유전자를 넣어두면 플라스미드가 잘 들어간 세포는 항생제 저항성을 갖거나 형광을 띠고, 그렇지 않은 세포는 죽거나 형광을 띠지 않기 때문에 구별이 가능하다. 그런데 비단잘록이는 이미 붉은색을 띠고 자체 형광도 있기 때문에 형광 물질을 만드는 유전자는 적당하지 않다고 판단했다. 그렇다면 항생제 저항성 유전자를 넣어야 하는데, 비단잘록이가 이미 항생제 저항성을 갖고 있다면 플라스미드가 들어간 세포를 찾아낼 수 없기 때문에 저항성을 갖지 않는 항생제를 먼저 찾아야 했다. 여러 가지 종류의 항생제를 다양한 농도로 처리해보니 웬만한 항생제에는 끄떡없이 버텼는데, 비단잘록이 세포가 죽어가는 항생제를 발견해 그 유전자를 이용하기로 했다. (혹시 궁금해하는 사람이 있을까봐 밝히자면 이 항생제 이름은 플레오마이신과 하이그로마이신 B이다.)

이 연구 결과를 간단하게 정리해 논문으로 출판했고, 연구를 시작한 지 몇 개월 만에 눈에 보이는 성과물이 나오자 그동안 바닥을 쳤던 연구자로서 자신감이 서서히 살아나기 시작했다. 그러나 홍조류의 형질 전환에 한 걸음 다가간 그 순간, 나의 인생에도 전환기가 다가오고 있었다.

디지털과 게놈

2000년은 연도에서 천의 자리가 1에서 2로 바뀌는 해였다. 그냥 여느 때처럼 한 해가 가고 새해를 맞는 것뿐인데 모호한 불안이 새해를 맞는 기대를 압도했다. 1999년 12월 31일에서 2000년 1월 1일로 넘어갈 때 컴퓨터가 2000년을 인식하지 못해 엄청난 사회 혼란이 일어날 것이라는 소문 때문이었다. 사람들은 이것을 Y2k 또는 밀레니엄 버그(Millennium Bug)라고 불렀다. Y는 연도(Year), 2k는 2000. 따라서 Y2k는 2000년을, 밀레니엄 버그는 2000년을 인식하지 못하는 프로그램 오류를 의미한다. 버그는 우리말로 하면 '벌레'이지만, 여기서는 컴퓨터 프로그램에 생긴 오류라는 뜻이다.

밀레니엄은 1000년인데, 첫 번째 밀레니엄이 1년부터 1000년까지, 두 번째 밀레니엄이 1001년부터 2000년까지다. 요컨대 우리는 세 번째 밀레니엄을 살고 있는 것이다. 사실 2000년은 두 번째 밀레니엄의 끝이었지만, 당시 분위기는 새로운 밀레니엄의 시작이었다. 새 시대가 시작된다는 기대 및 설렘과 함께 밀레니엄 버그 때문에 엄청난 혼돈이 벌어질 것이라는 소문이 뉴스를 탔다. 특히 발전소에 문제가 생겨 전기 공급이 끊길 것이라는 얘기에 우리 역시 양초와 물을 사놓기도 했다. 쓸데없는 짓이었다. 정부나 기업은 바보가 아니다. 이미 컴퓨터 시스템을 교체하거나 잘 대처해서 우려하던 상황은 생기지 않았다. 2000년 대혼란은 한마디로 가짜 뉴스였다.

오히려 이때 태어난 아이들은 행운이 있다고 해서 2000년에 자녀를 많이 낳았고, 이들을 밀레니엄 베이비라고 불렀다. 나도 2000년 끝자락에 큰애를 낳았는데, 정말 이때 태어난 아이들이 그 전후 몇 년 동안 가장 많았다. 내복을 사려 해도 이 아이들 사이즈만 없고, 학교에 가도 이 아이들 학년의 인원이 가장 많았다. 당연히 대학 입시 경쟁률도 비슷한 또래 중 2000년생이 가장 높았다.

그런데 나에게는 밀레니엄보다 더 호기심을 자극하는 것이 있었다. 디지털! 어디를 가나 '이제는 디지털 시대'라는 말이 돌았다. 디지털 시대에 대한 특집 기사가 연달아 나왔고, 광고에도 디지털이 등장했다. 어떤 이는 디지털을 새로운 경제 패러다임이라고 했고, 어떤 이는 기술 혁명이라고 했다. 삼성전자나 LG전자는 디지털이 완전히 새로운 생활을 가져올 것이라고 광고했다.

"도대체 디지털이 뭐길래?"

지하철에서 냉장고와 TV에 디지털이 도입된다는 광고를 멍하니 보다가 문득 깨달았다. '음, 컴퓨터가 가전제품 속으로 들어온다는 뜻이구나.' 냉장고와 TV뿐만 아니라 모든 전자제품을 컴퓨터로 조작하는 것. 그게 디지털이었다. 유전자 염기서열 분석에 사용하던 인터넷이 물건을 사고파는 데 쓰이는 것을 보고, 디지털 경제가 인터넷을 통해 우리에게 다가오겠다는 생각이 들었다. 그때 재빨리 인터넷의 세계로 뛰어들었다면 인생이 바뀔 수도 있었겠지만, 아쉽게도 나는 얼리어답터가 아니었다. 오히려 웬만한 사람들이 다 써보고 좋다고 할 때 비로소 따라가는 소심한 소비자였다. 심지어 사은품으로 PDA를 받아도 사용할 줄 몰라 그냥 처박아두었고, 한창 스마트폰이 인기일 때도 머뭇거리며 망설이다가 연구소에서 구 모델을 단체 특별 할인 가격으로 구입할 때 끼어서 겨우 샀다. 이렇게 한 걸음 뒤처져서 살아갈 때, 생물학에도 디지털이 들어왔다.

이전에는 유전자 하나의 염기서열을 분석해 이미 알려진 유전자 중에서 어떤 것과 가장 비슷한지 알아보았다. 비단잘록이 유전자 300개 정도의 염기서열을 분석한 적이 있는데, 하나씩 일일이 염기서열을 집어넣어 비교했다. 각각의 유전자 결과를 보고 쓰레기 정보나 의미 없는 정보는 걸러내고 믿을 만한 정보를 찾기 위해 면밀한 분석을 해야 했다. 그러다 보니 300여 개의 유전자 정보를 확인하는 데 엄청난 시간과 노력이 들었다. 비슷한 작업을 무한 반복하자 목과 어깨, 오른쪽 손목이 무리하지 말라는 신호를 보내왔다. 이건 인간이 할 짓이 아니라는 생각이 들 무렵 한 번에 수백수천 개의 유전자를 분석할 수 있는 방법이 생겼다. 염기서열이 거의 비슷한 것끼리 그룹으로 모아주고, 그것들을 비교해 가장 정확한 하나의 염기서열로 만들어준 뒤, 몇 백 개의 염기서열을 한 번에 검색해주는 프로그램이 나온 것이다. 이번에도 역시 구입하기 전에 테스트를 해보겠다며 데모를 요청했다. 이 프로그램은 사람이 일일이 유전자 데이터베이스인 NCBI에 접속하는 일을 대신해주었다. 이렇게 고마울 수가! 유전자를 찾는 데 드는 시간과 에너지뿐 아니라 그 과정에서 피로해지는 신체와 정신까지 생각하면 전혀 비용이 아깝지 않았다. 당연히 그다음 연구비를 신청할 때 이 프로그램 구입을 예산에 반영했다.

데이터가 많아지자 생물정보학이 생겨났다. 생물정보학은 생물학에서 나온 데이터를 컴퓨터와 통계학을 이용해 처리하는 학문이다. 새로 생긴 학문이라 전공자가 따로 없어서 프로그래밍을 전공하고 생물학 분야로 오는 사람이 있는가 하면, 생물학을 전공하고 프로그래밍을 활용하는 사람도 생겨났다. 생물학에 프로그래밍을 도입한 사람 중 서울대 생명과학부의 천종식 교수님이 있다. 원래 프로그래밍을 할 줄 알아서 대학에 입학할 때 컴퓨터공학과를 갈까 하다가 커트라인이 더 높은 미생물학과로 왔다고 했다. "입시 학원에서 나눠준 커트라인에 속았다"는 농담을 하곤 하는데, 아마 프로그래밍이 더 재미있다는 걸 대학에 와서 깨달은 것 같다.

천종식 교수님은 박사 과정 때 박테리아의 특정한 유전자 염기서열을 서로 비교해 생물 사이의 관계를 파악하는 계통 분류를 연구 주제로 잡았다. 이때 염기서열 비교 과정을 일일이 손으로 하는 게 귀찮아서 프로그램을 개발했는데, 이것이 PHYDIT다. 이 프로그램은 16S rRNA 유전자의 2차 구조를 고려해 유전자 염기서열을 비교하도록 짜여 있다. 기존 프로그램보다 결과가 정확하고 사용하기도 간편했다. 천 교수님은 박테리아의 이름을 쉽게 찾을 수 있도록 EzTaxon이라는 검색 시스템도 만들었다. NCBI에서 검색할 때는 이런저런 쓰레기 정보가 많아 일일이 결과를 들여다보아야 하고 그걸 확신할 수도 없었다. 하지만 EzTaxon은 종을 분류할 때 기준으로 사용하는 표준 균주의 염기서열만 따로 모아서 바로 박테리아 이름을 찾아준다. 이런 프로그램은 천 교수님 본인이 연구를 수행하다가 필요한 것을 만들어서 무료로 공개한 것이다. 비슷한 연구를 하는 입장에서는 정말 고마운 일이다. 겨우 1년 선배인데 존경하는 마음이 저절로 들었다. 이 두 프로그램 덕분에 다양한 극지 시료에서 나온 수많은 박테리아의 이름을 쉽게 찾을 수 있었다. 그 덕분에 다산과학기지에서 완전히 새로운 박테리아를 찾아내 '다사니아'라는 속(비슷한 종이 모여서 만드는 상위 분류군)을 만들고, 알래스카 툰드라 동토에서 나온 신종 박테리아에 '툰드라에'라는 이름을 붙여주기도 했다.

생물정보학에도 다양한 연구 분야가 있다. 요즘은 대량의 정보를 처리하는 '빅데이터' 분석이 유망하다고 하는데, 이러한 데이터 분석의 기본 원리와 방법이 생물정보학에서 많이 나왔다. 생물정보학의 힘을 보여준 가장 큰 사건이 인간의 유전체를 모두 분석하는 '휴먼 게놈 프로젝트(Human Genome Project, HGP)'다. PCR로 DNA를 보다 쉽게 증폭하고, 형광 분석을 이용해 염기서열 분석이 자동화하면서 사람의 유전 정보를 밝히겠다는 인간의 꿈은 예상보다 빨리 현실이 되었다. 2000년에는 사람의 유전체 초안이 발표되었다. 사람의 모든 유전자가 알려지면 각종 질병을 이해하고 유전병을 치료하는 획기적인 길이 열릴 것이라는 기대가 컸지만, 막상 유전체가 알려져도 이런 엄청난 기적은 바로 일어나지 않았다. 염기서열을 알아도 기능을 알 수 없는 미지의 유전자(unknown gene)가 아직도 많았기 때문이다. 각각의 유전자가 어떤 질병과 관련 있는지는 이제 겨우 조금씩 알아가는 중이다.

그런데 유전자 하나를 안다고 해서 그와 관련한 질병을 다 이해할 수 있는 것은 아니다. 하나의 질병에 여러 가지 유전자가 관여하기도 하고, 반대로 하나의 유전자가 여러 가지 질병에 영향을 줄 수도 있다. 유전자 사이의 상호 관계가 중요할 때도 있고, 유전자가 언제 어떻게 발현되는지가 중요할 때도 있다. 같은 유전자라도 사람마다 미묘한 차이가 있다. 이런 것은 질병을 이해하고 치료약을 개발하는 데 중요한데, 제대로 다 알려면 훨씬 더 많은 사람의 유전체 정보가 필요하다. 사람의 유전체가 발표되고 나서야 과학자들은 이미 알고 있었지만 일반인(특히 언론)은 미처 알지 못했던 진실을 알아채기 시작했다. 유전체 초안의 완성은 프로젝트의 끝이 아니라 유전자 맞춤 치료를 향한 새로운 시작이었다는 것을.

박테리아도 뭉치면 살고 흩어지면 죽는다

한국해양연구원에 들어갔을 때, 나는 박사 학위를 받고 내 길을 개척하는 시기였고 이홍금 박사님도 연구자로서 독립하기 위해 연구 과제가 필요한 상황이었다. 대학교수는 대개 각자 자기 이름으로 연구비를 따서 연구실을 운영하지만, 정부 출연 연구소(출연연)는 조직 단위로 연구비를 받는 경우가 많다. 여러 명의 박사급 과학자들이 하나의 대형 과제로 많은 금액의 연구비를 받아 한 팀으로 움직이는 것이다. 대학과 연구소의 연구비 차이가 워낙 커서 우스갯소리로 교수는 중소기업, 출연연은 대기업이라고 할 정도다.

정부 출연 연구소의 대형 과제는 주로 출연연에서 자체 연구비로 운영하는 데 연구소에 따라 이런 연구를 기관 고유 과제, 기본 과제 또는 주요 사업이라고 부른다. 각 연구 기관마다 반드시 수행해야 할 핵심적인 연구라는 뜻이다. 그렇다면 연구 기관의 필수 핵심 연구는 누가 정할까? 대부분 그 연구 기관의 기관장과 보직자들이 정한다. 아무래도 사람이 하는 일이다 보니 연구소에 정말 중요한 핵심 연구인데도 주요 사업에서 밀려나기도 한다. 사람마다 경험과 가치관과 인격이 다르기 때문에 한 팀으로서 연구하기에 어려움을 느끼고 그 팀에서 나와 독립하는 과학자도 있다. 팀 리더가 권위적이거나 연구 방향이 자신의 관심과 너무 동떨어질 때 주로 이런 일이 생긴다. 팀에서 나오는 사람은 대부분 대학교수로 자리를 옮기거나 작은 규모의 연구비를 따서 독자적인 연구를 시작한다. 이홍금 박사님도 이런 상황이었다.

이홍금 박사님은 정부 부처에 연구 과제를 신청하기 위해 새로운 연구 주제를 고민했다. 그리고 본인의 연구 경험과 산업계의 필요성을 고려해 '해양 미생물이 만드는 바이오필름'을 연구 대상으로 선택했다. 바이오필름은 생물이 만드는 얇은 막을 말한다. 주로 박테리아로 대표되는 미생물은 물속 어딘가에 자리를 잡고 붙어 산다. 물론 물속을 떠다니는 박테리아도 있지만 바위나 돌, 기둥이나 선박, 심지어 수영장과 어항 벽면 같은 곳에 붙어 사는 미생물도 있다. 바닷가나 개울에서 바위 위를 걸을 때 미끌미끌한 것이 바로 바이오필름이다.

물속에서 박테리아가 고정된 물체 표면에 달라붙는 과정은 사람들이 건물을 짓는 것과 비슷하다. 일단 물체 표면에 자리를 잡으면 박테리아는 세포 밖으로 끈적끈적한 물질을 내보내 달라붙는다. 이 끈적끈적한 물질은 주로 다당류이거나 다당류가 붙은 단백질이다. 세포는 계속 분열하며 개체수를 늘려간다. 세포가 어느 정도 모이면 각 세포에서 내보낸 신호 전달 물질이 기준 농도 이상으로 올라간다. 이 신호 전달 물질이 작용해 단체 생활을 하는 데 필요한 유전자들이 발현된다. 세포들은 몇 층 높이의 건물처럼 계속 위로 쌓여 올라가고 옆으로도 퍼진다. 그리고 이 세포들이 만들어낸 다당류는 세포 덩어리를 감싸며 보호하는 역할을 한다. 이 정도 수준에 이르면 바이오필름은 견고한 건물처럼 되어 쉽게 제거하기 어렵다.

바이오필름은 실제 생활에서 제거 대상이 되기도 한다. 예를 들어, 인공 뼈나 인공 심장 표면에 이런 바이오필름이 생기면 제 기능을 발휘하지 못할 수 있다. 또한 바이오필름을 구성하는 박테리아 자체가 위험할 수도 있다. 따라서 인공 장기에 바이오필름이 생기지 않도록 조심해야 한다. 어항이나 수영장 속 바이오필름은 '물때'라고 부르며 역시 제거 대상이다. 가장 심각한 것은 대형 선박 밑부분에 있는 바이오필름이다. 물이 잠기는 부분에 바이오필름이 생기면 그 위에 해조류와 따개비 같은 조개류가 달라붙어 배의 속도를 늦춘다. 부산 영도에는 배에 붙은 생물을 제거하는 '깡깡이마을'이 있다. 마을 아주머니들이 배에 단단하게 들러붙은 따개비를 떼어내기 위해 망치로 두드릴 때 '깡깡' 소리가 난다고 해서 붙은 이름이다. 이런 생물을 없애는 첫걸음은 생물이 부착할 환경을 제공하는 바이오필름을 제거하는 것이다. 따라서 바이오필름을 없애는 것은 유류 비용 절감에 중요한 요소다.

우리는 바이오필름이 생성되는 기작을 잘 이해해 이들을 효과적으로 제거하는 기술을 개발하고자 했다. 나는 이홍금 박사님을 도와 이런 내용의 연구 계획서와 발표 자료를 준비했다. 발표 자료에 들어갈 그림의 색상 하나하나, 계획서 문구 하나하나를 이 박사님과 함께 정성껏 다듬었다. 우리의 절실함이 통했는지 연구 과제로 선정되어 우리 실험실 옆에 '국가 지정 연구실'이라는 현판이 달렸다. 당시 나는 이홍금 박사님과 같은 사무실에서 근무하며 연구 외에도 다양한 이야기를 나누었다.

이홍금 박사님은 실생활에 도움이 되는 지혜를 많이 나누어주셨다. 이른바 '직장맘'의 고충을 누구보다도 잘 알고 있는 분의 조언이었기에 매우 유익했다. 예를 들면 이런 것이다. "사골국은 1회용으로 나눠 냉동실에 보관했다가 전날 꺼내 녹여 먹어라." "사회생활을 하려면 옷을 잘 입어야 할 때가 있으니 실크 블라우스를 사라. 좋은 블라우스 한 장이 정장 한 벌보다 중요하다." "혼자 밥을 먹으면 인간성이 좋아 보이지 않는다. 절대 혼자 먹지 말고, 사람을 만날 땐 점심시간을 이용해라." 그래서 냉동실을 적극 활용하고, 실크 블라우스 두 장을 사서 오래오래 입었다. 밥은 연구원들이나 이홍금 박사님과 함께 먹었다. 하지만 점심시간을 네트워크 구축의 장으로 활용하지는 못했다.

서울대 학생 식당에 가면 혼자 밥 먹는 학생이 꽤 많다. 점심을 먹으며 네트워크를 구축한다는 개념이 부족하다는 뜻이다. 일일이 친구들과 시간을 맞추는 게 번거롭기도 하고, 함께 밥을 먹으면서 이야기 나눌 주제를 찾는 게 불편하기도 할 것이다. 대학원 박사 과정 때 고려대를 졸업하고 홍주봉 교수님 연구실에서 박사 과정을 밟는 언니가 있었다. 하루는 언니가 난데없이 "여기서 뭐 해?"라고 했다. "네? 실험하는데요?" "오늘 생물학과 체육 대회잖아." "네." "근데 왜 여기 이러고 있어? 거기 가서 어디 똘똘한 후배 없나 찾아봐야지. 그런 후배를 우리 실험실로 데려와야 할 것 아니야." 신선한 충격이었다. 그 많은 체육대회와 채집 여행을 함께하면서도 서울대 선배들에게서는 단 한 번도 들어본 적이 없는 말이었다. 후배와 함께 밥을 먹고 시시콜콜한 이야기를 나누며 그 사람의 능력과 인간성을 파악해 선후배 간 인맥을 만드는 것. 실험실 언니, 지금은 서강대에서 식물의 지질 대사를 연구하고 있는 서미정 교수님께 처음으로 배운 개념이었다.

언젠가 연구소 동료에게 건강을 생각해서 담배를 끊어보라고 했더니, 담배를 피우면 다른 부서 사람들을 만나 정보를 나누는 좋은 점이 있다고 했다. 또 연구소에는 자기 방에 좋은 커피 기계를 마련해놓은 사람도 있다. 아침마다 커피를 마시러 오는 사람들과 이야기를 나누기 위해서라고 했다. 나는 사람들과 사귀는 게 중요하다는 걸 머리로는 알았지만, 실제로는 잘 되지 않았다. 사람들을 만나면 무슨 이야기를 해야 할지 막막했고, 그러고 나면 몸이 진짜로 피곤했다. 나중에 이것이 내향형인 사람의 특징이라는 걸 알고 네트워크를 만드는 다른 방법을 찾기로 했다. 이메일을 통해 사람들과 의견을 나누는 것이다.

연구 분야를 해조류에서 박테리아로 바꾼 후 새로 적응하고 데이터를 만드는 데 시간이 걸렸다. 게다가 연구비가 넉넉하지 못했기 때문에 다른 여러 가지 연구에도 참여해야 했다. 차분히 앉아 뭔가 좋은 연구 주제를 고민하고 논문을 읽으며 아이디어를 찾을 여유가 없었다. 그래도 이홍금 박사님은 계속 논문을 쓰라고 했다. 그래서 논문을 쓸 만한 데이터가 충분하지 않을 때는 리뷰 논문이라도 썼다. 다행히 '유망 여성 과학자'라는 연구 과제가 끝나기 전에 정규직 공고가 나왔고, 최선을 다해 서류를 준비했다. 1차는 서류 전형, 2차는 영어로 연구 내용을 발표하고 질문에 답하기였는데, 무사히 통과했다. 3차는 원장님 면접이었다. 좋아하는 취미를 묻기에 독서라고 대답했다. 나중에 이홍금 박사님이 "그건 진짜 취미를 묻는 게 아니라 사회성을 알아보려는 질문"이었다고 귀띔해주셨다. 따라서 독서처럼 혼자 하는 일보다 여럿이 같이하는 활동, 하다못해 '탁구'라고 대답해야 했다는 것이다.

훗날 내 연구팀에 미국에서 막 박사 학위를 받은 정지영 박사가 박사후연구원으로 왔다. 정 박사는 이 시기에 결혼을 했고, 역시 좋은 기회가 와서 극지연구소의 정규직 선임연구원이 되었다. 나는 정 박사에게 이홍금 박사님 같은 인생 멘토가 되어주지는 못했지만, 임신과 출산의 어려움을 이해해주려 노력했다. 정 박사가 새롭게 생긴 '육아기 근로 시간 단축 제도'를 활용하고 싶어 할 때도 기꺼이 동의했다. 아이가 첫 1년 동안 엄마와 어떤 관계를 맺는가가 매우 중요하다는 걸 알았기 때문이다. 정 박사는 두 아이의 엄마가 되었고, 연구소에도 잘 적응했다. 사실 그는 나보다 사회성이 좋아 두루두루 연구소 사람들을 잘 사귀고, 연구 장비도 잘 빌리고, 공동 연구도 잘 이끌어냈다. 이렇게 여성 과학자의 계보가 이어졌다.

미역과 고사리와 표고버섯 중에 나와 가장 가까운 것은?

몇 년에 한 번씩 대학에서 강의를 한다. 아는 교수님이 강의를 해달라고 부탁할 때다. 주로 기존의 교수님이 정년 퇴임을 했거나, 안식년으로 외국에 나간 경우 강의 요청이 온다. 지금까지 내가 한 강의는 '미생물학', '계통분류학', '조류학(식물은 아니지만 광합성을 하는 생물을 연구하는)', '식물발생학', '식물형태학'이다. 아무래도 대학에서 식물학을 전공했고, 대학원은 조류분류학 연구실을 나와서 이쪽 분야 강의 요청이 많다. 분류학 연구실 출신이라고는 해도 분자세포생물학으로 학위를 받아서 내가 분류학 전문가라고는 할 수 없다. 그래도 나는 계통분류학 강의가 제일 재미있다. 서로 다른 분류군의 유전자를 비교해 생물 사이의 관계를 파악하는 분자 계통 분석(Molecular Phylogenetic Analysis)이 분류학에 들어온 후, 형태 유사성으로 세워놓은 분류 체계가 엄청난 변화를 겪었는데(지금도 겪고 있다) 이런 변화를 보는 것이 흥미롭다.

"분류는 형태다."

아주 오랫동안(아마도 아리스토텔레스 이후) 분류학을 지배해온 철학이다. 전통적인 분류학에서는 형태가 같은 것을 같은 종으로 구분하고, 형태가 비슷한 종끼리 모아 속-과-목-강 순서로 무리를 지어왔다. 분류학에서 사용할 수 있는 특징이 있는 형태를 형질(Character)이라고 부르며, 이 형질을 찾고 바르게 적용하는 것에 분류학자들은 모든 관심을 집중해왔다.

그런데 진화론이 등장했다. 분류학에서는 진화론을 어떻게 반영할 것인가를 놓고 여러 가지 의견이 있었다. 분류학에 당장 진화론이 들어온 것은 아니지만, 여러 학자들이 고민하고 토론하는 과정을 거쳐 표형론(Phenetics)과 분지론(Cladistics) 두 가지가 주류로 남았다. 표형론은 "과거에 일어난 진화를 오늘날 우리가 어찌 알리요"라는 철학을 바탕에 깔고 있다. 진화 과정을 알 수 없으니 그저 현재를 기준으로 모든 표현형을 비교해 가장 비슷한 것끼리 묶으면 그것이 유연관계가 가까운 분류군을 묶는 합리적 방법이라는 것이다. 표형론은 형질을 숫자로 바꾼 뒤 이것을 수학적으로 계산해서 같은 숫자가 가장 많은 것을 찾아내는 방법으로, 수리분류학(Numerical Taxonomy)이라고도 한다. 예를 들어 통꽃은 1, 꽃잎이 두 장이면 2, 세 장이면 3, 네 장이면 4, 다섯 장이면 5라고 지정하고 초본은 1, 목본은 2라고 지정한 뒤, 비교하려는 식물마다 꽃잎의 수와 초본/목본 여부에 따라 숫자를 지정해 표를 만드는 것이다. 비슷한 것을 찾는 계산은 여러 가지가 있는데, 그중 네이버조이닝(Neighbor-Joining) 방법이 널리 쓰인다. 비슷한 것끼리 먼저 묶어나가는 방법이다.

한편 분지론은 "형질을 잘 살펴보면 과거 생물이 가졌던 원시 형질과 그로부터 진화해온 파생 형질을 구분할 수 있소"라는 철학을 기초로 한다. 비교하려는 생물의 형질을 원시형과 파생형으로 구분하고 여러 개의 형질로부터 원시형에서 파생형이 나오는 경로를 가장 단순하게 보여주는 관계도를 그린다. 최단 경로를 계산하는 방법에는 여러 가지 길이 있고 맥시멈 파시모니(Maximum Parsimony)가 그중 널리 쓰이는데, 이것을 분지계통학(Phylogenetic Systematics)이라고도 한다.

그러다가 생물의 형질을 결정하는 유전 물질이 DNA라는 게 알려졌다. 분류학자들은 표현형인 형태를 볼 것인가, 아니면 유전형인 DNA 염기서열을 볼 것인가 고민하기 시작했다. 분류학판 보수와 진보의 대결이라고나 할까? 분류학계에서는 학회가 열릴 때마다 정말 진지한 토론(누가 보면 싸움일 수도 있는)이 이어졌다. 대부분의 중견 분류학자들은 유전자라고 해서 모두 다 발현되는 것도 아니고, 유전자가 발현된다 해도 환경에 의해 어느 정도 변이가 일어날 수 있으니 유전자와 환경의 영향을 종합해 반영하는 표현형을 더 중요하게 보았다. 반면 신진 분류학자들은 표현형은 환경에 의해 영향을 받지만 유전자는 그 생물이 갖는 근본적이고 고유한 형질이므로 DNA 염기서열을 비교해야 한다고 주장했다. 1992년 프랑스 브레스트에서 국제 해조류 심포지엄이

열렸다. 여기서 한 젊은 과학자가 유전자를 이용해 계통 분류한 연구 결과를 발표해 엄청난 질문과 코멘트를 받았다. 그 젊은 오스트레일리아 출신 분류학자는 반바지 차림에 슬리퍼를 신고 나와 발표했다고 욕을 먹었고, 분류학자가 형태를 비교하지 않았다고 비난받았다. 그다음 학회부터 이 과학자는 긴 바지에 재킷 차림으로 발표했고, DNA 계통 분류로 얻은 결과를 형태적 특징과 함께 설명했다. 분류학에서 유전자는 점점 중요한 형질이 되었고, 분자계통학이 전통적인 형태분류학을 앞서나갔다.

분자계통학의 가장 큰 장점은 서로 형태를 비교하기 어려운 분류군도 비교할 수 있다는 것이다. 사과와 배와 딸기는 서로 비교하기 좋지만, 사과와 사슴과 사마귀는 서로 비교하기 어렵다. 형태가 달라도 너무 다르기 때문이다. 하지만 유전자는 모든 생물이 다 똑같은 DNA로 구성되어 있어 염기서열을 비교할 수 있다. 관건은 어떤 유전자를 비교하느냐는 것이다.

모든 생물이 갖고 있되 생물마다 적당히 다른 유전자. 분류학자들은 이런 유전자를 찾기 시작했다. 예를 들어, 엽록체에 들어 있는 유전자는 식물에는 있지만 동물에는 없기 때문에 동물까지 비교할 때는 사용할 수 없다. 에너지를 만드는 미토콘드리아 속의 유전자는 동물과 식물이 갖고 있으나 박테리아는 비교하기 어렵다. 박테리아에는 미토콘드리아가 없기 때문이다. 유전자가 너무 잘 보전되어 있어 염기서열에 변화가 거의 없으면 사과나 배의 염기서열이 똑같아서 비교할 수 없고, 변이가 심해서 염기서열에 변화가 많으면 서로 너무 달라서 비교하기 어렵다. 다양한 유전자가 분류학 논문에 등장했다 사라지는 과정을 거쳐, 리보솜을 구성하는 RNA의 유전자 중 하나로 학자들의 의견이 모아졌다. 리보솜은 단백질을 합성하는 세포 소기관이다. 이 유전자는 박테리아같이 핵이 없는 원핵생물에서는 16S rRNA 유전자라 부르고, 사람이나 사과처럼 세포에 핵이 있는 진핵생물에서는 SSU rRNA 유전자 또는 18S rRNA 유전자라고 부른다. 이 유전자를 이용하면 지구상에 사는(심지어 지구 밖이라도 DNA를 가진 생물이라면 외계에 사는 생물까지도) 모든 생물의 계통 관계를 비교할 수 있다.

그렇다면 미역과 고사리와 표고버섯 중 어느 것이 사람과 가장 가까울까? 김이나 미역을 흔히 해초(Seagrass)라고 부르는데, 사실 이들은 해초가 아니다. '해초'라고 하면 '바다에 사는 풀'이라는 뜻인데, 이들은 식물이 아니기 때문이다. 해초는 바닷가에 사는 식물이다. 짠물에서도 잘 견딘다고 해서 '염생 식물'이라고도 한다. 아열대 바닷가에서 다양한 생물의 보금자리를 만들어주는 맹그로브, 함초소금을 만드는 데 쓰이는 퉁퉁마디가 대표적인 염생 식물이다. 그러나 미역은 식물이 아니다.

그럼 뭐란 말인가? 미역은 해조류(Seaweed)다. 영어로는 '바다 잡초'이지만, 절대 잡초가 아니다. 해조류는 식물이 아닌 녹조류, 갈조류, 홍조류를 뜻한다. 미역국이 초록색이라서 미역을 녹조류로 착각하는 사람도 있는데, 미역은 갈조류다. 미역에서 갈색을 내는 색소는 갈조소(Fucoxanthin)인데, 미역국을 끓이면 열에 약한 이 색소가 색을 잃어 엽록소의 초록색만 남는 것이다. 갈조소는 빛 에너지를 붙잡아 엽록소로 전달하며 광합성을 도와준다. 사람들은 이 갈조소에 비만 예방이나 항산화 효과가 있다고 해서 건강식품이나 화장품에 첨가하기도 한다.

미역국에 자주 쓰이는 '자른 미역'은 말 그대로 미역을 잘라서 포장한 것이다. 미역은 주로 양식으로 키우는데, 수확한 미역을 그대로 두면 바로 상하기 때문에 소금으로 염장해 보관하거나 한 번 끓인다. 끓인 미역을 잘 말려서 잘게 자르고 돌이나 조개껍데기 조각 같은 이물질을 제거한 뒤 포장하면 바로 '자른 미역'이 된다. 미역에도 줄기처럼 가운데에 도톰한 부분이 있는데, 이 부분은 좋아하는 사람도 있지만 싫어하는 사람도 꽤 있어 '자른 미역'을 포장할 때 미리 제거하기도 한다. 또 이 부분만 따로 모아서 가늘게 자른 뒤 소금을 쳐서 미역 줄기로 팔기도 한다. 이 때문에 우리는 미역의 온전한 모습을 볼 기회가 좀처럼 없다. 자르지 않고 그냥 말려서 적당한 길이로 접은 것을 산모용으로 팔기도 하는데, 이 정도는 되어야 대략 미역의 원래 모양과 크기를 가늠할 수 있다.

미역을 온전히 펼쳐놓으면 가운데 줄기를 감싸며 양옆으로 잎이 나온 식물처럼 보일 것이다. 단단하게 바위 바닥에 달라붙은 부분도 영락없는 뿌리 같다. 그러나 미역 가운데는 줄기가 아니고 바닥을 꼭 붙잡고 있는 곳은 뿌리가 아니다. 미역을 만져보면 확실히 식물과는 다른 질감이 느껴진다. 미끈미끈하고 반들반들한 것이 식물 이파리의 촉

감은 아니다.

고사리는 식물이다. 그런데 꽃이 피지 않는다. 식물은 꽃이 펴야 열매를 맺는다. 고사리는 꽃이 없으니 열매도 없다. 그럼 씨는 어떻게 맺을까? 당연히 씨도 없다. 고사리는 포자로 번식한다.

표고버섯은 진균류(Fungi)에 속하고, 곰팡이와 사촌이다. 버섯도 고사리처럼 포자로 번식한다. 광합성을 못하지만 식물하고 비슷하게 생겨서 예전에는(아리스토텔레스 시절부터 식물분류학의 아버지 린네 때까지) 버섯을 식물로 분류했다. 그러다가 아무래도 광합성을 못하고 다른 생물을 녹여서 섭취하는 게 식물은 아닌 것 같다고 해서 별도의 분류군으로 구분하기 시작했다.

자, 그렇다면 미역과 고사리와 표고버섯 중 어느 것이 사람과 가장 가까울까? 계통분류학에서 SSU rRNA 유전자 염기서열을 비교해본 결과 사람과 가장 가까운 생물은 표고버섯이었다. 미역은 고사리와 더 가까웠다. 박사 학위 때 찾아낸 Cyp 유전자에서도 진균 Cyp가 사람의 Cyp와 가깝게 묶여서 재미있다는 생각을 한 적이 있다. 반면 홍조류 Cyp는 식물과 더 가까웠다.

여러 생물의 유전자를 비교하다 보면 예전에는 비슷한 줄 알았던 생물이 사뭇 다른 생물이었다는 것이 밝혀지기도 한다. 그저 곤충인 줄 알았던 곰벌레가 알고 보니 곤충과는 다른 아주 독특한 분류군이었다. 계통분류학에서는 새가 파충류와 하나로 묶이기도 한다. 유전자의 관점에서 생물을 고찰하면 그들의 관계가 새롭게 보인다.

몸속 마이크로바이옴이 내 삶을 바꾼다

박테리아를 실험실에서 배양하다 보면 자꾸 같은 박테리아가 나온다. 실험실에서 잘 자라는 박테리아인 것이다. 사실 실험실에서 자라지 못하는 박테리아가 훨씬 많다. 자연에 살고 있는 박테리아 중 99퍼센트 이상은 실험실에서 키우지 못한다. 이들을 키우는 배양 조건을 아직 알아내지 못한 것이다. 그럼 배양하지 못하는 미생물의 정체는 어떻게 파악할까?

과학자들은 자연 상태의 샘플에서 직접 DNA를 뽑아 그 속에 있는 미생물을 알아냈다. 우리나라에서 올림픽 경기를 치렀던 1988년, 미국 인디애나 대학의 노먼 페이스(Norman Pace) 박사 연구팀은 모아나 웨이브(Moana Wave)라는 이름의 연구선을 타고 북태평양으로 나갔다. 이들은 배 위에서 펌프로 바닷물을 퍼 올렸다. 북태평양의 넓은 바다에서 좁은 펌프로 빨려 들어온 바닷물은 필터를 통과해 물통에 모였다.

크기가 10마이크로미터인 필터 구멍을 통과하지 못한 미세 조류와 동물 플랑크톤, 곰팡이 같은 제법 큰 미생물은 걸러졌다. 물론 이 과정에서 서로 뭉쳐 지내는 박테리아도 필터에 걸러졌을 것이다. 그러나 뭉쳐 지내는 박테리아도 혼자 떨어져 지내는 때가 있으므로 이들도 바닷물에 남아 있다고 가정했다.

흔들리는 배 위에서 연구팀은 이 바닷물을 다시 0.1마이크로미터짜리 아주 작은 구멍의 필터로 걸렀다. 필터는 금세 박테리아로 막혔고, 깨끗한 바닷물은 아주 느리게 필터를 통과했다. 엄청난 기다림과 참을성이 필요한 필터링을 수도 없이 반복한 연구팀은 박테리아로 뒤덮인 지름 4.7센티미터짜리 필터 370개를 모았다. 과학자들은 종종 이렇게 단순하고 지루한 일을 거듭하기도 한다. 바닷물 속에 사는 박테리아를 작은 필터에 모두 모은 것으로 치고 바로 DNA를 뽑았다. 수천수만 종류의 서로 다른 박테리아의 DNA를 한 번에 뽑은 것이다.

필터 위의 박테리아에서 바로 뽑은 신선한 DNA를 비슷한 크기의 조각으로 쪼갰다. 과학자들은 이것을 DNA 절편이라고 부른다. DNA 절편은 그 수를 많이 늘릴 수 있도록 DNA 라이브러리로 만들었다. 진짜 도서관은 아니지만 DNA를 잘 보관했다가 필요할 때 꺼내 볼 수 있다는 점에서 도서관과 비슷하다. 이 중에서 16S rRNA 유전자가 포함된 DNA 절편을 찾아내 이 DNA가 어느 박테리아에서 온 것인지 알아냈다. 이렇게 해서 15개의 박테리아를 한 번에 확인했다. 배양하지 못한 박테리아의 정체를 같은 환경으로부터 뽑은 DNA에서 바로 알아낸 것이다.

이로부터 10년 뒤, 위스콘신 대학의 여성 과학자 조 핸델스먼(Jo Handelsman)과 그의 연구팀은 메타게놈(Metagenome)이라는 말을 처음 사용했다. 한 생물의 유전체를 게놈이라고 한다면, 여러 생물의 유전체를 메타게놈이라고 한 것이다. 이들은 흙에서 DNA를 뽑아 DNA 라이브러리를 만드는 새로운 방법을 소개했다. 이 새로운 방법은 한 번에 보관하는 DNA의 크기가 기존보다 10배는 더 컸다. 북태평양 바닷물 DNA 라이브러리가 단편소설 도서관이라면 새로운 DNA 라이브러리는 장편소설 도서관인 셈이다. 한 생물의 게놈이 책 한 권이라면 메타게놈은 수많은 책이 모여 있는 도서관이다.

2001년 〈사이언스〉에 인간 유전체 논문을 발표한 크레이그 벤터(Craig Venter)는 자기 요트를 타고 2004년 봄부터 2006년 1월까지 전 세계 바다를 누볐다. 그가 탐험한 것은 바다가 아니라 바닷물 속의 박테리아였다. 이미 사람의 DNA에서 유전체 분석 기술을 축적한 그에게 박테리아 유전체를 찾아내는 것은 한결 수월했을 것이다. 그의 연구팀은 수많은 DNA 조각의 염기서열을 서로 이어 붙여서 수많은 박테리아 유전체를 복원해냈다. 이런 과정에서 사용하는 것이 생물정보학이다. 컴퓨터 프로그래밍을 이용해 수만 개의 데이터를 한 번에 처리하고 분석하는 것이다.

바닷물이나 흙 같은 자연환경 속의 미생물 유전체를 메타게놈이라고 한다면, 생물 속에 사는 수많은 미생물을 마이크로바이옴(Microbiome)이라고 한다. 생물에는 저마다 함께 사는 미생물이 있다. 공생이든 기생이든 병원성이든 수많은 미생물이 내 몸에 들어 있다. 내 몸을 이루는 세포의 수보다 내 속의 박테리아 수가 더 많다. 사람의 세포 크기는 보통 10~15마이크로미터이지만, 박테리아는 보통 0.5~5마이크로미터다. 내 속에 미생물이 하도 많아서 내가 나인지, 아니면 미생물이 나인지 헷갈릴 정도다.

SF 영화를 보면 외계 생명체가 사람을 숙주로 살아가며 사람의 행동을 지배하는 이야기가 나온다. 실제로 박테리아가 우리의 행동이나 취향을 바꾸기도 한다. 우리의 소장에 어떤 박테리아가 살고 있느냐에 따라 좋아하는 음식, 몇 가지 질병, 심지어 두뇌 활동까지 달라진다. 갓 태어난 아기는 모유를 먹느냐 우유를 먹느냐에 따라 서로 다른 장내 미생물을 갖는다. 모유를 먹는 아기는 몸에 좋은 유산균으로 알려진 비피도박테리움이 많다. 어떤 이유식을 먹느냐에 따라 마이크로바이옴이 달라진다. 먹는 것이 다양할수록 장내 미생물도 다양하다. 심지어 형제자매가 있거나 애완견이 있어도 장내 미생물이 다르다.

아케르만시아 무키니필라(*Akkermansia muciniphila*)는 산소가 없는 곳에서 사는 박테리아다. 이 박테리아는 사람의 위와 장에서 뮤신(mucin)을 먹고 산다. 아케르만시아 무키니필라는 장내 미생물의 3~5퍼센트를 차지하는데, 뚱뚱한 사람의 장에는 훨씬 적게 산다. 지방이 많은 쥐에서 이 박테리아는 정상 쥐의 100분의 1밖에 없었다. 이 쥐에 아케르만시아 무키니필라를 먹이자 무게가 줄어들고 지방 비율이 좋아졌다. 또한 비만과 관련한 여러 가지 지표가 개선되었다. 사람들은 언젠가

이 박테리아를 이용한 비만 치료제가 나올 것으로 기대하기도 한다. 그러나 수천 종의 박테리아로 이뤄진 장내 미생물이 한두 종의 박테리아를 받아들인다고 해서 쉽게 변할 것 같지는 않다.

서울대 천종식 교수가 세운 바이오 벤처 '천랩'에서는 2018년 우리나라 사람들의 장내 미생물을 분석하는 프로젝트를 시작했다. 만 19세 이상 건강한 한국인의 장내 미생물을 분석한 뒤 2주 동안 정해진 음식을 먹고 나서 장내 미생물이 얼마나 변했는지 비교하는 프로젝트였다. 프로젝트에 참여하는 사람들은 각각 자기가 원하는 음식물을 선택한 다음 일반 식사에 더해 이것을 꾸준히 먹었다. 여기에 사용한 식품은 통곡물, 견과류, 채소류, 과일류, 유산균이었다. 장내 미생물을 분석한다고 하면 엄청 힘들게 장 속의 미생물을 샘플링해야 할 것 같은데, 사실 아주 간단하다. 이 프로젝트에 참여한 사람들은 채변 키트를 받았다. 그리고 키트에 있는 깨끗한 면봉으로 대변을 쌀알만큼 떠서 채변통에 넣은 다음 천랩으로 보내면 그만이었다. 그러면 천랩에서는 장내 미생물에 얼마나 균형이 잡혔는지, 어떤 미생물이 많은지 확인했다.

장내 미생물의 건강은 우리가 무엇을 먹는지와 관련이 있다. 건강한 장에는 특히 식이섬유가 꼭 필요하다. 좀더 정확하게 말하면 우리가 소화시키지 못하고 장내 미생물은 먹을 수 있는 특별한 탄수화물이 필요한데, 그중 대표적인 것이 식이섬유다. 밀가루, 설탕 같은 가공식품은 전부 소화되기 때문에 대장의 미생물은 먹지 못한다. 건강하려면 채소를 많이 먹으라는 말이 있는데, 장내 미생물이 들으면 좋아하겠다.

과학자는
이런 사람입니다

가끔 중·고등학교나 대학에서 강연 요청을 받는다. 중·고등학교에서는 아이들이 진로를 정하기 전에 가능한 한 다양한 직업의 사람들을 만날 기회를 주려고 하는 것 같다. 내 강연을 듣고 과학자의 이미지가 만들어질 수 있기에 이런 강연은 더 조심스럽다. 괜히 나 때문에 과학자의 꿈을 접는 아이들이 나올까 싶어 지루하지 않게 하려고 애쓴다. 대학에서는 주로 생명과학 관련 분야의 학생들에게 극지 연구를 소개하곤 한다. 이런 경우는 실험실에서 하는 연구뿐만 아니라 자연 현장(영어로는 'Field Work'라고 한다)에 나가는 즐거움을 알려주려고 노력한다.

강연을 시작할 때 "내 생각에 과학자는 ~이다. 과학은 ~이다"라는 문장을 채워보라고 한다. 보통 100명 정도가 강연을 듣는데, 똑같은 답이 대여섯 개밖에 나오지 않을 정도로 과학자에 대한 학생들의 생각은 다양하다.

"과학자는 ~이다"라는 질문에 과학자는 알려지지 않은 사실을 탐구하거나 궁금한 것을 해결하는 사람이라는 의견이 많았다.

과학자는 새로운 것을 발견하는 사람이다(최우진). 지식의 경계를 넓히는 사람이다(최선). 미지의 세계를 탐험하는 탐험가다(신동호). 아무도 알지 못한 새로운 걸 알려주는 사람이다(황재운). 새로운 것을 탐구하고 사고해 사실을 밝혀내는 사람이다(김서현). 새로운 걸 밝히고 탐구하는 사람이다(정예지). 생각과 궁금증이 많은 사람이다(임연찬).

과학자가 우리의 삶을 윤택하게 변화시키기고 미래를 열어줄 것이라는 기대도 있었다.

과학자는 세상을 바꾸는 씨앗을 찾는 사람이다(안수지). 세상을 바꾸는 사람이다(서예빈). 미래를 대비하는 사람이다(김선영). 미래 설계자다(박하은). 미래를 밝히는 사람이다(이송원, 김민석). 미래를 만드는 사람이다(장혁주). 미래를 찾아가는 사람이다(전동훈). 우리의 미래를 가장 앞장서 이끄는 사람이다(이하은).

심지어 과학자가 새로운 걸 만들어낼 것이라는 기대도 있었다.

과학자는 현대의 창조자다(조현이, 김채인, 이민정). 과학자는 신이다(김유진).

학생들에게 과학자는 멋있고, 존경받을 만하고, 꼭 필요한 존재라는 긍정적 이미지도 있는 반면, 특이하고 엉뚱한 사람이라는 부정적 이미지도 있었다.

과학자는 괴짜다(이예진, 손예솔, 조원우). 의심쟁이다(오한솔). 이상하다(전형성). 엉뚱하다(유준석, 김진아).

"과학은 ~이다"라는 질문에 대해서도 과학자에 대한 의견과 비슷했다. 과학은 무언가를 발견하는 창조적인 활동이고 궁금증을 해결해주며 자연을 탐구하는 학문이라는 것이다.

과학은 유에서 유를 창조한다(안병찬). 지식을 창조한다(현다은). 우리가 몰랐던 지식을 채워준다(이성범). 호기심으로 가득한 학문이다(허정현). 새로운 것을 알아가는 것이다(민수아).

세상을 바꾸고 꿈을 현실로 만들어준다는 학생들도 있었다. 과학이 우리 생활을 편안하게 해주고 미래를 열게 해주는 원동력이라는 기대였다.

인간에게 가장 큰 영향을 주는 학문이다(윤석연). 우리 삶의 질을 업그레이드해줄 학문이다(진유나). 진보를 위해 꼭 필요한 학문이다(이준호). 인류를 더 좋게 발전시키는 것이다(조윤제).

어떤 학생들은 과학을 신기해하고 재미있어했다. 동시에 과학은 복잡하고 어려워서 골치 아프고 다가가기 어렵다는 의견도 있었다.

언제나 신기하다(하해민, 장현식). 신비롭다(강다혜). 흥미로우면서도 어렵다(김다경). 어렵지만 재밌다(고정민). 신기하고 재밌다(정민서).

고맙게도 과학자를 꿈꾸는 학생들도 있다.

과학자는 나의 장래 희망이다(전지훈). 과학이란 내 삶의 존재 이유다(하승호).

이 밖에 과학자나 과학에 대해 이런 의견도 있었다.

과학자는 개척자다(윤석연). 과학자는 모험가다(이나영). 과학자는 남들이 놓치는 부분을 끈질기게 연구하는 사람이다(최원지). 과학자는 꿋꿋하다(이동욱). 과학자는 나무다. 생각이 나무 자라듯 끝없이 자라기 때문이다(김장훈). 과학은 열린 세계에 대한 끊임없는 도전이다(고은별). 과학은 많이 밝혀낼수록 밝혀내지 못한 것이 많아지는 학문이다(강예안). 과학은 우리가 사는 세상의 존재를 정의하는 학문이다(김유진). 과학은 생각의 확장이다(김다현). 과학은 배낭여행이다. 배낭여행은 목적지만 정해져 있지 그곳까지 가는 여정이나 방법이 다양하다. 마찬가지로 과학 또한 무엇을 하고자 하는 목표만 정해져 있고 그 목표를 달성하는 방법이 다양하기 때문에 과정이 예측한 대로만 흘러가지 않는 점이 비슷하다(전다은). 과학이란 인간이 만물의 중심이란 생각을 부숴준 교만 방지제다(이하영).

종종 과학자를 발명가나 공학자와 헷갈리기도 한다.

과학자는 호기심 많은 발명가다. 궁금한 것이 있으면 참지 못하고 연구해서 세상에 도움이 되는 것들을 많이 밝혀내기 때문이다(이어진). 과학자는 새로운 물건을 발명하는 사람이다(이다현, 박시윤). 과학자는 발명가다(강한결).

어떤 학생은 과학자를 침대와 컴퓨터와 스마트폰을 개발한 사람이라고 했다. "침대는 과학"이라는 어느 회사의 광고가 이렇게까지 영향을 주는지 몰랐다. 침대와 컴퓨터와 스마트폰을 개발하고 생산하는 데는 발명가와 공학자의 노력이 들어갔다. 과학자는 좀더 근본적인 발견에 참여한다.

과학자에 대한 가장 큰 오해는 과학자는 천재라서 아무나 될 수 없다는 생각이다. 과학자는 되기 어렵고, 범접할 수 없는 분야의 사람이라는 것이다.

과학자는 똑똑하다(송찬호, 공기원, 김나윤, 정승민). 위대하다(하해민, 심혁구). 대단한 사람이다(한승범). 천재다(이재경).

그러나 과학자는 천재도 괴짜도 아니다. 그저 호기심이 많고 어떤 현상이나 문제의 본질을 알고 싶어 하는 평범한 사람이다. 공부를 잘하지 못해도 얼마든지 과학자가 될 수 있다. 하지만 공부를 잘해도 궁금한 게 없는 사람은 과학자가 될 수 없다.

끝으로 과학은 진리를 밝혀내는 학문이 아니다. 진리는 변하지 않는 것이다. 그러나 과학은 진리와 같은 절대적 가치를 연구 대상으로 삼지 않는다. 과학은 실험이나 논리적 분석으로 검증할 수 있는 것을 연구 대상으로 한다. 과학은 비록 완전하지 않더라도 데이터로 증명할 수 있어야 한다. 과학의 미덕은 우리가 지금 알고 있는 것이 불완전하다는 데 있다. 과학은 결코 완벽하지 않다. 분석 방법과 기술이 발전하면 더 정확한 데이터가 나오고, 자연 현상에 대한 우리의 이해는 좀더 정교해진다.

과학의 또 다른 미덕은 아무리 애송이더라도 대가의 의견에 의문을 품을 수 있다는 것이다. 1953년 당시 생화학 분야의 대가이던 라이너스 폴링(Linus Pauling)은 DNA가 3개의 나선으로 이루어졌다는 논문을 냈다. 폴링은 콜라겐을 비롯해 여러 단백질의 구조를 밝힌 유명한 교수였고 1954년 노벨 화학상을 받기도 했다. 그런데 아직 교수도 되지 못한 풋내기 두 명이 다른 실험실 데이터〔로절린드 프랭크린(Rosalind

E. Franklin)이라는 과학자가 몇 개월을 고생해서 만든 DNA의 X선 결정 구조 사진〕를 훔쳐보고 'DNA는 이중나선'이라는 논문을 발표했다. 10년 뒤 노벨 생리의학상을 받은 제임스 왓슨(James Watson)과 프랜시스 크릭(Francis Crick)의 이야기다. 이렇게 권위에 의문을 품고 도전할 수 있는 곳이 과학의 세계다. 따라서 과학자는 절대 기죽지 말고 질문을 던져야 한다. '정말 그럴까?'라고.

기초 과학이 세상을 바꾼다

과학자의 숙명 중 하나가 연구비를 따내는 것이다. 연구비가 있어야 연구에 필요한 시약이나 기기를 구입할 수 있기 때문이다. 연구비를 신청하면 심사를 받는데, 이때 가장 많이 받는 질문이 "그거 해서 뭐가 나와요? 나중에 돈이 됩니까?"였다.

우리나라에서 순수한 기초 과학이 설 자리는 매우 좁다. 심지어 헌법에서도 과학을 경제 발전의 도구로 본다. "국가는 과학기술의 혁신과 정보 및 인력의 개발을 통하여 국민경제의 발전에 노력하여야 한다"(헌법 제9장 제127조).

우리나라에서 과학기술은 국민경제 발전에 기여하는 것이어야 한다. 기본 전제가 이렇다 보니 연구 계획서를 쓸 때 사회에 얼마나 기여하고 어떤 경제적 효과가 있는지 꼭 밝혀야 한다.

실용주의의 고향 미국에서도 이런 비슷한 풍토가 있었다. 미국 의회에서 몇몇 연구 과제가 국가 예산을 낭비한다는 비난을 받은 적이 있다. 그중 하나가 어느 조그만 마을에서 차를 몰고 다니며 모든 도로를 사진으로 찍는 연구였다. 쓸데없는 연구라고 욕을 먹었던 이 과제는 훗날 인터넷 지도가 되었다. 우리가 길을 찾을 때 유용하게 쓰는 구글이나 네이버 지도가 바로 이 쓸모없는 연구에서 나온 것이다.

1820~1830년대에 영국 과학자 마이클 패러데이(Michael Faraday)는 전기와 자기장이 연관되어 있다는 것을 밝혀냈다. 그런데 당시 재무장관이던 윌리엄 글래드스턴(William Gladstone)이 이렇게 물었다. "전기에 무슨 실용적인 가치가 있소?" 그때 패러데이는 "아직 전기가 어떻게 쓰일지는 모르겠지만, 분명히 언젠가 전기에 세금을 부과하게 될 것입니다"라고 대답했다고 한다. 과학자, 특히 기초 연구를 하는 과학자는 자신의 연구가 어떻게 활용될지 잘 모르는 경우가 많다.

물론 실제 생활에 도움을 주는 연구도 있다. '팝콘을 가장 크게 만들려면?' 미국 리하이 대학(Lehigh University)의 물리학과 박사 과정 학생 폴 퀸(Paul Quinn)은 지도 교수인 홍종한(Daniel Hong) 교수님과 1999년 미국물리학회에서 '식품의 물리학'이라는 세션에 앉아 다른 연구자들의 발표를 듣던 중 팝콘이 만들어지는 것은 뜨거운 기체 때문이라는 걸 깨달았다. 옥수수가 열을 받으면 알갱이의 수분 때문에 전분이 젤리 같은 물질로 바뀐다. 옥수수 알갱이 속 수분이 수증기로 변해 높은 압력을 만들고, 옥수수 껍질이 이 압력을 견디지 못해 '뻥'하고 터지며 젤리 같은 전분이 팽창하면서 팝콘이 되는 것이다. '옥수수 전분이 더 오래 팽창하면 팝콘도 더 커질 거야. 그런데 어떻게? 옥수수 전분은 내부 압력과 외부 압력이 같아질 때까지 팽창하니까 외부 압력이 낮을수록 더 오래 팽창하겠지.' 팝콘의 물리학에 흥미를 보인 또 다른 학생 조지프 보스(Joseph Both)까지 합류해 팝콘 기계를 만들었다. 팝콘을 튀길 때 진공 펌프를 돌려 공기의 압력을 낮춘 것이다. 정말 팝콘이 더 커졌을까? 그랬다! 공기의 압력을 대기압의 30분의 1로 줄이자 팝콘이 무려 2배나 커졌다. 게다가 튀겨지지 않은 채 그대로인 옥수수 알갱이가 대기압에서는 30개였지만 낮은 기압에서는 5개로 줄었다. 공기를 조금 뺐을 뿐인데 옥수수 알갱이 20그램으로 한 봉지를 만들던 팝콘이 두 봉지로 늘어났다. 이 연구는 〈피지카(Physica)〉라는 물리학 학술지에 실렸고, 유명한 과학 저널 〈네이처〉에도 소개되었다. 일반 신문과 방송에서도 이 기발한 연구를 다룬 것은 물론이다.

그런가 하면 피자를 가장 맛있게 굽는 방법에 대한 연구도 있다. 사람들은 화덕에서 구운 피자가 일반 피자보다 더 맛있다고 한다. 여기서 한 가지 고백할 게 있는데, 나는 맛을 잘 구분하지 못한다. 냉동 피자를 집에 있는 전기오븐이나 프라이팬에서 구운 것이나 피자집에 가서 먹는 것이나 다 비슷하다. 모든 게 맛있다. 음식 맛을 세세하게 구분해서 표현하는 사람들(주로 미식가들)을 보면 부럽다.

다시 피자로 돌아가서, 이탈리아의 음식인류학자 세르지오 그라소(Sergio Grasso)는 토르 베르가타 로마 대학(University of Rome Tor Vergata)

의 교수 안드레이 바를라모프(Andrey Varlamov)와 함께 피자를 굽는 전통적인 방법과 현대적 방법의 차이를 과학적으로 밝혀보기로 했다. 여기에 피자 애호가이자 미국 노던일리노이 대학교(Northern Illinois University)의 물리학과 교수 안드레아스 글래츠(Andreas Glatz)가 참여해 오븐 속 열복사와 열전도율을 계산했다. 나무를 때는 전통적인 벽돌 화덕은 피자 토핑이 익는 데 필요한 오븐 속 복사열과 피자의 밀가루를 익히는 바닥의 열전달이 균형을 이룬다. 이들이 로마의 화덕 피자 가게에서 손님이 적은 시간을 이용해 조사하고 실험한 결과, 나무를 때는 화덕에서는 섭씨 325~330도가 피자를 굽는 최적의 온도였다. 이 경우 피자는 2분 안에 완성된다. 그러나 집에 있는 일반 오븐에서 330도로 피자를 구우면 밀가루 반죽이 전부 타버린다. 집에서 피자를 구울 때는 오븐 온도를 330도까지 올리기 어려워 이보다는 낮은 온도에서 더 오래 굽게 된다. 그러면 피자가 너무 말라서 맛이 없어진다. 화덕 피자가 집에서 굽는 피자보다 맛있는 이유다. 이렇게 피부에 와 닿는 연구도 있지만, 대부분의 기초 과학 연구는 실제 생활과 거의 연결되지 않는다. 많은 논문이 그저 논문으로만 남을 뿐 우리의 일상을 변화시키지 못한다.

일본이 노벨 물리학상이나 생리의학상을 받았다는 소식을 들을 때마다 속상함과 부러움이 뒤섞인다. 노벨상 수상자를 많이 배출한 곳으로 일본 이화학연구소가 있다. 이화학연구소는 정부 예산으로 운영하는 기초 과학 연구소로, 1917년 설립했으니 벌써 100년이 넘었다. 이 연구소의 마츠모토 히로시(松本紘) 이사장이 이런 말을 했다. "과학자들이 하는 연구가 지금 당장은 쓸모없을 것 같지만 이 연구 결과가 나중에 어떤 힘을 발휘할지 그 누구도 알지 못한다. 기초 과학의 위대함도 바로 여기에 있다."

프린스턴 고등연구소는 30명 넘는 노벨상 수상자와 40명에 육박하는 필즈상(Fields Medal) 수상자를 배출한 미국 최고의 기초 과학 연구소다. 이곳의 초대 소장 에이브러햄 플렉스너(Abraham Flexner)는 과학자들이 먹고사는 걸 걱정하지 않고 흥미 있는 연구 주제에 집중하도록 했다. 그가 1933년 〈하퍼스(Harper's)〉라는 잡지에 기고한 글은 '쓸모없는 지식의 효용'이라는 제목을 달고 있다. 플렉스너는 이 글에서 "과학의 역사에서 인류에게 이익을 가져다준 중요한 발견의 대부분은 쓸모 있기보다 자기 자신의 호기심을 충족하는 연구를 추구하는 사람들에 의해 이루어졌다. 이렇게 쓸모없는 활동에서 태어난 발견은 쓸모 있는 것을 목적으로 이루어진 것보다 무한히 큰 중요성을 가질 수 있다"고 말했다.

과학을 통해 우리는 번개와 천둥이 신의 진노나 재채기가 아니라, 구름 속에서 일어난 전기 현상이라는 것을 알게 되었다. 번개가 치면 무섭기는 하지만 더 이상 신의 진노를 두려워하지는 않는다. 과학자들이 발견한 것을 통해 우리가 사는 자연과 세상을 좀더 이해할 수 있다면, 이것만으로도 과학의 가치는 충분하지 않을까? 우리 호기심의 지평을 더 넓혀주고 미신에 가려진 어둠에 빛을 비춰주는 데서 과학의 쓰임새를 찾아도 되지 않을까?

돈이 되는 연구를 해야 한다는 부담감에서 과학자들을 풀어줬으면 좋겠다. 우리나라에서 사용하는 연구비의 반의 반만이라도 자유로운 연구에 주어지길……. 그러면 어떤 과제에 연구비를 줄까 고민하는 공무원들의 짐도 한결 가벼워질 것이다. 쾌활한 물리학자 리처드 파인만(Richard Feynman)의 글로 이 꼭지를 마무리한다.

"어떤 문제를 연구할 것인가에 대해서도 정부는 간섭해선 안 된다. 정부는 예술적 창조물의 미적 가치를 단정해서도 안 되며, 문학을 포함한 모든 예술적 표현 양식에 대해서도 규제해선 안 된다. 또 경제적, 역사적, 종교적, 철학적 이론에 대한 타당성에 대해서도 정부가 판단해선 안 된다. 대신 정부는 국민들이 이 모든 것들에 대한 자유를 계속 누릴 수 있도록 노력하고, 우리 모두가 인류의 그칠 줄 모르는 지적 모험과 발전에 기여할 수 있도록 노력할 '의무'만이 있다."〔정무광·정재승 옮김, 《파인만의 과학이란 무엇인가》(승산, 2008), 83쪽.〕

내가 과학자인가, 직원인가

극지 문제는 누가 결정할까? 특히 남극의 경우는 주권 국가가 없기 때문에 여기서 발생하는 문제는 책임을 따지기 곤란한 경우도 있다. 2011년 11월 24일, 우리나라 남극 세종과학기지에서 멀지 않은 브랜스필드(Bransfield)해협에서 관광선 익스플로러호(Explorer)가 가라앉았다. 그 전날 배가 빙산에 부딪친 뒤 20시간 만에 일어난 일이다. 다행히 이 배에 탑승했던 관광객 91명과 여행 가이드 9명, 선원 54명은 구명보트를 타고 배를 빠져나왔다. 하지만 침몰한 배에서 흘러나온 기름은 이 지역 해양 생태계에 심각한 충격을 주었고, 이 사건으로 인한 환경 오염과 생물의 피해는 그 누구도 책임지지 않았다.

남극은 그 누구의 땅도 아니다. 몇몇 나라들이 남극의 일부가 자기 땅이라고 주장한 적도 있지만, 지금은 남극에 대해 주권을 주장하지 않기로 약속한 상태다. 남극에서 주권을 주장하지 않고 군사 활동을 하지 않기로 한 이 약속을 남극조약이라고 한다. 남극조약에 가입한 국가는 매년 정부 대표단이 모여 남극조약협의당사국회의(Antarctic Treaty Consultative Meeting, ATCM)를 연다. 1991년에는 이 회의에서 '환경 보호에 관한 남극조약의정서'를 채택했고, 남극에서 인간 활동이 환경에 미치는 영향을 최소화하기 위해 노력하고 있다.

북극은 좀 복잡하다. 북극엔 주권 국가들(러시아, 캐나다, 덴마크, 미국, 노르웨이, 스웨덴, 핀란드, 아이슬란드)이 있고 이들이 북극이사회(Arctic Council)를 만들었다. 이 8개국은 북극에 대한 주도권을 유지하려 한다. 그래서 다른 국가는 북극이사회 회원으로 끼워주지 않는다. 다른 나라는 옵서버로 회의에 참관할 수 있을 뿐이다. 북극의 문제는 자기들이 결정하겠다는 뜻이다.

사실 불과 30년 전까지만 해도 북극은 철의 장막에 갇혀 있었다. 북극의 거의 절반은 러시아에 속하는데, 구소련이 미국과 냉전 상태일 때 시베리아는 근접할 수 없는 곳이었다. 그러다 1987년 무르만스크(Murmansk)에서 당시 소련 서기관이던 고르바초프가 북극을 개방하겠다고 선언하면서 개방의 물결을 탔다. 게다가 기후 변화로 북극해 얼음이 줄어들자 이곳에 대한 국제 사회의 관심이 높아졌다. 그리고 이 지역에서 원유와 천연가스가 나오자 '개발'은 현실이 되었다.

특히 2000년대 들어서 북극 관련 행사가 많아졌다. 북극에서의 과학 협력을 논의하는 북극과학위원회(International Arctic Science Committee,

IASC)가 만들어졌고, 이것과는 별도로 북극관측회의(Arctic Observing Summit, AOS)도 생겼다. 한국이 북극이사회 옵서버 자격을 얻으면서 우리나라 과학자도 이와 관련한 회의에 매년 참석하고 있다. 북극권 국가마다 북극 관련 회의를 만들었다. 이렇게 북극에 대한 관심이 높아지다 보니 북극을 연구하는 과학자도 덩달아 바빠졌다.

나는 북극과학위원회 실행위원이 되었다. 원래 미국에서 하던 일인데, 미국이 지원을 중단하면서 우리나라가 맡게 된 것이다. 당시 극지연구소 소장이던 이홍금 박사님이 이 업무를 지원하겠다고 발표했고, 실제 업무를 나한테 맡겼다. 솔직히 구체적으로 어떤 일을 해야 하는지도 모르는 상태였지만, 소장님의 요청을 받아들였다. 이미 북극과학위원회에서 결정한 사항이므로 극지연구소에서 누군가는 해야 할 일이었고, 이홍금 소장님을 도와드리고 싶었기 때문이다. 북극 관련 국제기구에서 우리나라의 위상을 높이는 데 기여하겠다는 소박한 애국심도 있었다. 새로 시작한 북극 연구를 하기에도 정말 바빴지만, 그냥 짐을 하나 더 짊어지기로 했다.

우리나라가 북극이사회 옵서버 자격을 얻으면서 나는 그 산하에 있는 6개의 워킹 그룹 중 하나를 맡게 되었다. '북극모니터링평가프로그램'인데, 이미 10년 넘게 지속해온 회의였다. 여기에도 역시 처음에는 무엇을 해야 할지 모르는 상태로 참석했다. 원래 정부 대표단이 참석해야 하는데 우리나라 외교부에는 아직 북극 관련 담당 부서가 없고, 있다 하더라도 공무원 한 사람이 6개나 되는 워킹 그룹에 모두 참석할 수는 없는 일이었다. 그래서 외교부는 북극이사회에서 가장 격이 높은 각료 회의에 참석하고, 그 밑의 워킹 그룹 회의는 극지연구소와 몇몇 연구 기관이 담당했다. 나는 대한민국을 대표하는 마음으로 회의에 참석했다. 이를 위해 정장과 구두도 구입했고, 회의가 열리기 며칠 전에는 미장원에도 갔다. 봄에는 북극과학위원회를 위해, 가을에는 북극이사회 관련 회의를 위해 1년에 두 번 정도 미장원에 간다. 작년 회의록을 꼼꼼히 읽으며 우리나라가 참여할 수 있는 활동을 알아보고, 한국의 북극 모니터링 활동도 적극적으로 소개한다. 이렇게 꾸준히 회의에 참석하다 보니 이제는 다른 나라 대표들과 개인적 친분도 생기고 우리나라의 목소리도 낼 정도가 되었다.

이 와중에 극지연구소에서도 보직을 맡았다. 극지생명과학연구부의 부장 직책으로 70여 명의 연구원이 올리는 서류에 결재를 하고, 각종 회의에도 참석했다. 나중엔 북극환경자원연구센터의 센터장이 되기도 했다. 이런 활동을 통해 극지연구소가 어떻게 운영되는지 파악할 수 있었다. 조직을 배운다는 장점은 있었지만 끊임없이 이어지는 회의로 몸과 마음이 많이 지쳤다.

북극 현장에 나가 연구하거나 국제 학회에 참석해 연구 결과를 발표하고 다른 과학자들의 연구 결과를 보는 것은 즐거운 경험이다. 하지만 국제기구에서 개최하는 회의에 참석하는 것은 국가 또는 극지연구소를 대표한다는 긴장감 때문에 부담스러웠다. 출장이 하나둘 많아지다 보니 시차 적응과 재적응에 피곤이 쌓였다. 한 번은 뒤차의 경적 소리에 정신을 차려보니 내가 졸음운전을 하며 갓길로 달리고 있었다.

연구 계획서와 보고서, 논문도 써야 했다. 게다가 북극을 소개하는 누리집인 '북극지식센터'를 제작하기도 했다. 북극지식센터는 어린이부터 과학자, 정책 관계자 등 어느 누가 들어와도 자료를 가져갈 수 있도록 정성을 들였다. 그러다 보니 홈페이지를 만드는 동안 100일 넘게 거의 매일 야근을 했다.

"미안한데 엄마가 오늘도 늦을 것 같아. 네가 라면 끓여서 동생이랑 먹을래?"

"여보, 오늘 애들 좀 봐주실래요?"

가족과 함께하는 시간은 줄어들고 부탁만 늘어났다. 남편과 아이들에게 정말 미안했다. 나는 연구를 하고 싶은데, 행정 일을 하고 있었다. 논문을 쓰는 것은 고사하고 읽을 시간도 없었다. 도대체 내가 뭘 하고 있는 거지? 해마다 줄어드는 툰드라처럼 나의 연구 능력도 해마다 사라져가는 기분이었다.

과학자는 데이터로 말한다

재판에 제출된 전문가의 자료가 거짓으로 드러났다. 휴대전화 통화를 녹음한 파일을 분석한 음향 감정 보고서였는데, 중요한 대화 내용을 잘못 분석했다. 이 문제의 보고서를 작성한 전문가는 우리나라에서 유명한 소리공학자였다. 소리 분석과 관련해 TV에 자주 나와 자신을 소리공학 전문가로 소개했지만, 실제 그가 사용한 분석 방법과 데이터는 제대로 검증되지 않았다. 다른 과학자들은 뒤늦게 이런 상황에 대응하기로 했고, 그 소리공학 전문가의 활동을 유사(類似) 과학으로 판정했다.

과학자는 데이터를 정직하고 정확한 방법으로 만들어야 한다. 그리고 더 중요한 것은 자기가 만든 데이터를 제대로 해석해야 한다. 과학자의 데이터 해석과 관련해 유명한 이야기가 있다. 어느 과학자가 귀뚜라미로 실험을 했다. 책상을 탁 쳐서 소리를 낼 때 귀뚜라미가 뛰어오르는 횟수와 높이를 측정하는 실험이었다. 이번에는 귀뚜라미의 뒷다리를 떼고 똑같은 실험을 반복했다. 그랬더니 귀뚜라미가 잘 뛰어오르지 못했다. 이 실험 결과를 정리하면서 과학자는 다음과 같은 결론을 내렸다. "소리를 듣는 귀뚜라미의 기관은 뒷다리에 있다." 이처럼 기껏 실험을 해놓고 엉뚱한 결론을 내릴 수 있다. 그럼 귀뚜라미의 귀는? 귀뚜라미는 앞다리에 있는 고막으로 소리를 감지한다.

데이터를 정확하게 해석하는 것은 쉬운 일이 아니다. 과학자도 사람인지라 선입견에서 자유로울 수 없기 때문이다. 나도 데이터 해석을 놓고 박사 과정 학생과 의견 충돌을 벌인 일이 있다. 알래스카 툰드라 동토에 사는 박테리아를 분석한 결과를 해석하는데, 학생과 서로 의견이 달랐기 때문이다. 알래스카 서쪽 해안선을 따라 내려오다 보면 중간에 모자 쓴 돌고래 모양의 반도가 튀어나와 있다. 러시아와 가장 가깝게 마주 보고 있는 수어드(Seward)반도다. 여기에 우리나라 연구 관측지가 있다. 평평한 평야에 풀밭이 펼쳐져 있는데, 여름에는 여기가 북극이 맞나 싶을 정도로 완전히 초록색으로 변한다. 하지만 땅을 70센티미터만 파도 꽁꽁 얼어붙은 동토층이 나온다. 툰드라 풀밭에서 우리는 넓은 지역의 토양을 채집했다. 25미터 간격으로 열두 번 토양을 채집하면 처음부터 끝까지 300미터가 된다. 우리는 25미터 간격으로 나란히 세 줄을 만들어 총 36지점을 골랐다. 그리고 한 지점마다 지표면에서 10센티미터까지의 토양과 그 아래에 있는 20센티미터까지의 토양을 따로 채집했다. 한 지점마다 2개의 샘플, 즉 총 72개의 토양 샘플을 얻은 것이다.

우리는 이 토양에 어떤 박테리아가 살고 있는지 분석했다. 툰드라 벌판에서 직접 토양을 채집한 박사 과정 학생은 약 150미터 지점에 있던 작은 물길에 깊은 인상을 받았던 것 같다. 생물이 사는 데는 물이 중요하고, 개울물을 중심으로 흙에 포함된 물의 양도 다를 터였다. 그래서 박사 과정 학생은 이 물길에서 떨어진 거리와 거기에 사는 박테리아는 상관관계가 있다는 쪽으로 해석하겠다고 했다. 나는 이 의견에 반대했다. 왜냐하면 우리 데이터는 박테리아 군집 구조가 서로 얼마나 떨어져 있느냐보다는 땅의 깊이에 따라 더 달라지는 것으로 보였기 때문이다. 그래서 툰드라 토양에 사는 박테리아는 깊이에 따라 달라진다는 쪽으로 해석해보라고 했다. 만약 우리가 토양의 수분을 측정했다면 그 데이터와 박테리아 군집 사이에 어떤 관계가 있는지 분석할 수 있을 텐데, 이런 데이터 없이 단지 물길에서 떨어진 거리를 기준으로 결과를 해석하는 것은 근거가 부족하다고 학생을 설득했다. 이런 토론 과정을 통해 학생은 객관적 데이터를 기반으로 자연 현상을 이해하는 방법을 배운다. 이렇게 과학자로 성장하는 것이다.

데이터에서 의미를 제대로 찾으려면 편견 없이 그 데이터를 보아야 한다. 이렇게 데이터가 보여주는 것을 있는 그대로 이해하려 하다 보면, 거기서 지금까지 알려지지 않은 자연의 비밀을 발견할 수 있다. 나는 그 비밀을 찾아내는 능력이 과학자의 통찰력(Insight)이라고 생각한다. 훌륭한 과학자는 바로 이런 통찰력이 높은 사람이다. 통찰력 있는 사람은 누구나 보고 경험하는 평범한 자연 현상 속에서도 법칙을 알아챈다.

사실 일반인이 과학자를 만날 기회는 그리 많지 않다. 게다가 과학자는 아주 전문적이고 깊이 있는 전공 분야를 갖고 있어 일반인이 그 연구를 이해하기가 엄청 어렵다. 그래서 과학자의 통찰력을 경험할 기회가 많지 않은 것이다.

우리는 가끔 TV에서 과학자를 만난다. 요리사만큼 자주 나오지는 않지만, 그래도 종종 재미있는 강연이나 다큐멘터리에서 과학자를 볼 수 있다. 다양한 책을 통해 과학자를 만나기도 한다. 그런데 책이나 TV로 만나는 유명한 분들이 자기 분야에서 뛰어난 과학자가 아닐 수도 있다. 때로는 과학자가 아니라, 과학을 재미있게 전달해주는 과학 커뮤니케이터인 경우도 있다. 그 어려운 과학을 쉽게 설명해주는 과학 전도사인 셈이다. 이들은 전문 용어로 의사소통하는 과학의 세계를 일반인이 이해하기 쉬운 말로 풀어주는 능력이 탁월하다. 하지만 새로운 발견을 하는 것과 쉽게 전달하는 것은 아주 다른 일이다. 물론 둘 다 잘 하는 분도 있지만, 진짜 탁월한 과학자는 실험과 논문에 집중하는 경우가 많다.

나도 남들이 쓴 논문의 메시지를 정확하게 파악하고 새로운 발견을 하는 과학자가 되고 싶다. 내가 할 수 있는 새로운 발견은 무엇일까? 내가 이 자연 세계를 이해하는 데 얼마나 기여할 수 있을까? 이것이 과학자로서 나의 고민이다. 그러나 연구를 계획하고 데이터가 나오면 나 스스로에게 하는 말은 항상 똑같다. 선입관이나 편견 없이 데이터가 말하는 것을 듣자.

과학자에게는
비움과 몰입이 필요하다

훌륭한 과학자는 자연의 비밀을 꿰뚫어보는 통찰력이 있다. 그렇다면 과학자의 통찰력은 언제 생길까? 노벨 물리학상을 받은 한 과학자는 산책하는 시간에 고민하던 문제가 풀리거나 생각이 정리된다고 했다. 처음 그 얘길 들었을 땐 "나는 천재라서 이렇게 놀면서도 좋은 아이디어가 빵빵 터져나와"라고 말하는 것같이 들렸다. 오히려 연구실에 몇 날 며칠 틀어박혀 고민해야 그나마 쓸 만한 연구 주제가 생기지 않겠나 싶었다. 그러나 연구를 하면서 그 노벨상 수상자의 말을 공감하게 되었다.

과학자에게는 몰입만큼이나 비움도 필요하다. 고민하던 문제를 잠시 내려놓고 머리를 쉬게 할 때 더 창의성이 차 오르기도 한다. 상대성 이론을 착상한 아인슈타인도 어쩌면 전철을 타고 직장을 오가며 멍하니 바깥 풍경을 바라보다 아이디어가 떠올랐을지 모른다. 나도 아무 생각 없이 있는 시간에 아이디어가 떠오르는 편이다. 어떤 때는 화장실에 멍하니 앉아 있다가, 어떤 때는 세수하다가, 아니면 설거지하다가, 때로는 운전하다가 데이터를 해석할 아이디어를 얻곤 한다.

독일 화학자 프리드리히 케쿨레(Friedrich Kekulé)는 꿈에서 아이디어를 얻기도 했다. 탄소 원자는 팔이 4개나 있다. 4개의 서로 다른 원자와 결합할 수 있다는 뜻이다. 가끔 다른 원자와 이중 또는 삼중 결합을 하기도 한다. 2개 또는 3개의 팔을 맞잡는 것과 같다. 그런데 벤젠이라는 물질을 분석해보니, 달랑 탄소 6개와 수소 6개로 이루어져 있었다. 탄소에 이중 결합 또는 삼중 결합을 넣는다고 해도 도저히 답이 나오지 않았다. 이중 결합이나 삼중 결합 없이 6개의 탄소가 한 줄로 쭉 늘어서 있으려면 수소가 14개나 필요하다. 도대체 화학 구조가 어떻게 되었길래 14개의 절반도 안 되는 수소 6개만으로 벤젠이 만들어지는지 당시 화학자들에겐 큰 숙제였다. 케쿨레는 꿈에서 자기 꼬리를 물고 웅크린 뱀을 보고 아이디어를 얻었다. 즉 맨 앞과 맨 끝의 탄소가 서로 연결되어 육각형을 만드는 것이다. 여기에 이중 결합이 하나 건너 하나씩 3개 들어가면 모든 탄소는 팔이 하나씩만 남는다. 여기에 수소가 결합하는 것이다.

과거에는 산책을 하거나 멍하니 있거나 잠을 잘 때, 우리 뇌는 아무 생각도 하지 않는다고 여겼다. 하지만 뇌과학이 발달하면서 잠을 잘 때도 뇌가 정보를 처리하고 있다는 걸 발견했다. 우리가 쉴 때 뇌는 비로소 정보를 처리할 시간을 얻는 것이다. 이런 이야기를 해주었더니 멍 때리던 둘째가 큰 소리로 이런다. "엄마, 난 지금 정보를 처리하는 중이야."

과학자뿐만 아니라 아이들에게도 그냥 아무것도 하지 않는 비움의 시간이 필요하다. 아이를 키우는 엄마로서 〈영재발굴단〉이라는 TV 프로그램을 좋아한다. 여기에 나오는 수학이나 과학 관련 영재들은 혼자 생각할 시간을 갖는 아이들이 많다. 아마 혼자 있을 때 한 가지에 집중해서 자기가 궁금해하는 문제에 빠져드는 것 같다. 이리저리 학원을 돌면 혼자 생각할 시간이 없다. 그래서 나는 아이들을 '공부하는' 학원에 보내지 않는다. 학원이라고 해봐야 큰애는 피아노와 미술, 둘째는 태권도 학원에 다녔을 뿐이다. 음악에 관심 있는 큰애는 '층간 소음'이라는 노래를 만들기도 했다. 일상에서 짜증나는 일들에 대해 고민하고 그것을 자기만의 독창적인 방법으로 풀어나갔다. 둘째는 자기만의 요리법으로 당근빵을 굽거나 고구마 음료수를 만든다. 퇴근해 집에 들어갔을 때 설거지감이 잔뜩 쌓여 있으면 오늘은 또 무슨 새로운 요리를 했을까 궁금해하며 냉장고 문을 연다.

과학자에게는 뭉텅이 시간도 필요하다. 한 가지 문제에 몰두하며 집중할 시간이 필요하다는 얘기다. 아무에게도 방해받지 않고 뭔가에 몰입할 수 있는 시간. 이런 시간이 있어야 새로운 생각, 발상, 착상이 가능하다. 논문을 쓸 때 특히 이런 시간이 필요하다. 한두 달 다른 일에 신경 쓰지 않은 채 데이터를 붙들고 씨름하며 그 속에서 의미를 찾고 그것을 글로 써야 한다(한글이 아니라 영어로). 그런데 연구소에서 연구부장으로 있을 때는 회의가 너무 많아서 나만의 생각을 할 시간을 만들 수 없었다. 시간이 파편화하자 생각도 분산되었다. 온전히 집중하지 못하고 생각이 자꾸 끊기는 게 나에겐 큰 스트레스가 되었다. 오죽하면 논문 쓰는 방을 따로 만드는 상상을 했을까. 전화도 없고 휴대전화도 터지지 않는, 공기 맑고 고요한 방에서 그 누구의 방해도 받지 않고 데이터를 분석하거나 논문을 쓰는 그런 상상을!

지구 밖 우주에도 생물이 있을까

과학자로서 꼭 해보고 싶은 일이 있다. '우주에도 생물이 있을까?'라는 궁금증을 푸는 것이다. 외계인에 대한 관심이 생긴 것은 아마도 칼 세이건이 다큐멘터리 〈코스모스〉에서 무인 우주 탐사선 보이저호(Voyager)를 소개했을 때가 아닌가 싶다. 아니면 잘생긴 외계인의 얼굴을 벗겨내자 녹색의 파충류로 변하던 TV 드라마 〈V〉에서 받은 충격 때문인지도 모른다. 아무튼 외계인이 정말 있을지 궁금했다. 하지만 박사 과정 내내 실험 결과가 잘 나오지 않아 초조하고 마음이 움츠러들면서 외계인에 대한 궁금증도 사그라졌다. 그러다 북극에 발을 디디면서 이런 원초적인 궁금증이 되살아났다.

북극 다산과학기지로 향하는 경비행기에서 내려다본 땅은 얼음에 뒤덮인 황량한 지역이었다. 생명의 흔적이라곤 조금도 보이지 않는 빙하 위를 날면서 우주를 떠올렸다. 사실 태양계에서 지구와 가장 비슷한 행성으로 꼽히는 화성도 툰드라의 땅이다. 땅을 파면 얼음도 나온다. 게다가 화성의 남극이나 북극은 지구처럼 얼음으로 덮여 있다. 물론 얼음만 있는 게 아니라 이산화탄소가 얼어붙은 드라이아이스도 함께 있다. 달에도 동토가 있다. 저 멀리 있는 토성의 위성 엔셀라두스(Enceladus)는 두터운 얼음으로 뒤덮인 바다다. 마치 겨울철 북극해와 같다.

사실 인류가 엔셀라두스의 존재를 안 것은 꽤 오래전부터다. 1789년에 이미 토성의 위성으로 이름을 올렸다. 토성은 로마 신화에 나오는 사투르누스(Saturnus)의 이름을 따서 Saturn이 되었는데, 그리스 신화에서는 크로노스(Kronos)가 여기에 해당한다. 그래서 토성의 위성 중 하나는 크로노스가 속한 부족인 티탄족(Titan)의 이름을 따서 타이탄이라고 부른다. 엔셀라두스도 이 티탄족 거인의 이름을 따서 붙인 이름이다. 하지만 엔셀라두스가 거인이었던 것과 달리 위성 엔셀라두스는 지름이 500킬로미터밖에 되지 않는다. 약 1000킬로미터인 한반도 길이의 절반 정도에 불과하다. 그러나 이 위성을 향한 과학자들의 관심은 결코 작지 않다.

유럽과 미국 과학자들은 탐사선 카시니호(Cassini)를 토성으로 보냈다. 2008년 카시니호는 엔셀라두스 남극에서 얼음 틈새 사이로 뭔가가 뿜어져 나오는 사진을 보내왔다. 그것은 놀랍게도 수증기와 얼음 알갱이였다. 이 수증기가 토성 고리의 얼음이 되는 것이다. 2015년 미국과 일본 과학자들은 엔셀라두스에서 뿜어져 나오는 수증기를 좀더 분석해서 여기에 이산화규소가 포함되어 있다는 것을 발견했다. 그런데 이 산화규소는 낮은 온도에서는 만들어지지 않는다. 적어도 90도 이상은 되어야 한다. 그렇다면 엔셀라두스 바닷속에는 뜨거운 물을 만드는 온천이 있다는 뜻이다.

지구의 바닷속에도 뜨거운 온천이 있다. 주로 화산이 뿜어져 나오는 주변에 있는데, 이런 지역을 '열수분출공'이라고 부른다. '뜨거운 물이 나오는 구멍'이라는 뜻이다. 1977년 잠수함 앨빈호(Alvin)는 갈라파고스제도 근처에서 뜨거운 물이 솟아오르는 열수분출공을 발견했다. 더 놀라운 것은 햇빛이 들어가지 않는 그 깊은 바닷속에서 게와 새우, 대합 그리고 이상하게 생긴 기다란 생물을 발견한 것이다. 하얀 원통 속에 붉은색 아가미같이 생긴 것이 흔들리고 있는 그 이상한 생물에는 훗날 '관벌레'라는 이름이 붙었다. 햇빛 한 점 들지 않는 심해에서 도대체 이들은 어떻게 생존할까? 심해의 게와 새우, 대합과 물고기 그리고 관벌레는 열수분출공에서 나온 화학 물질을 이용해 에너지를 생산하는 박테리아를 잡아먹거나 이들과 공생하며 살고 있었다. 이쯤 되면 엔셀라두스 바닷속 온천에서 우리가 무엇을 기대하는지 눈치챘을 것이다. 바로 외계 생명체다.

알래스카 동토를 실험실로 가져와 박테리아를 분석하기 시작했을 때, 여기에 그렇게 많은 종류의 미생물이 살지는 못할 거라고 예상했다. 왜냐하면 1년 내내 물이 얼어 있기 때문이다. 사용할 물이 거의 없으니 생명 현상을 유지하기도 어렵다고 보았다. 그런데 웬걸. 다양한 박테리아가 살고 있었다. 박테리아뿐만 아니라 고균과 곰팡이 그리고 다양한 진핵 미생물도 있었다. 심지어 그중에는 산소 없이도 살아가는 혐기성 미생물도 있었다. 춥고 얼어붙은 데다 햇빛도, 산소도 부족한 곳. 바로 화성이다. 지구의 동토에 미생물이 있다면 화성의 동토에도 혐기성 미생물이 살 수 있지 않을까? 북극에서 외계 생명체를 향한 강한 호기심에 불이 붙었다.

그래서 우주생물학에 관심 있는 학생을 받았다. 바로 최용회 박사다. 이 학생은 우리 연구실에서 실험을 하고 서울대학교에서 박사 학위를 받았다. 이렇게 대학과 연구소가 공동으로 연구하며 인재를 키우는 걸 학연 프로그램이라고 한다. 이 학연 프로그램을 통해 우리 연구실은 박사 두 명과 석사 한 명을 배출했고, 지금도 두 명의 박사 과정 학생이 연구를 하고 있다. 우주생물학은 나도 처음 시작하는 분야라서 학생을 지도하기 어려운 점이 있었다. 그래서 최용회 군이 우주생물학을 하겠다고 했을 때, 매주 한 편의 논문을 읽고 간단하게 정리해 나한테 보내라고 했다. 스스로 박사 과정 연구 주제를 발견하고 헤쳐 나가야 하기 때문에 사전에 논문을 읽는 것은 매우 중요하다. 최용회 연구원은 북극 현장에 나갈 때를 빼고는 한 주도 빠짐없이 논문을 읽고 내게 메일을 보냈다. 그리고 암석에 사는 미생물을 연구 주제로 잡았다. 돌이 흙보다도 더 살기 힘든 극한의 환경으로 보였기 때문이다. 또한 지구에 떨어지는 운석은 바로 우주에서 날아온 돌이기 때문에 언젠가 운석으로 연구를 확장하고 싶기 때문이기도 했다. 사막같이 건조한 북극 지역에서 가져온 돌 속에도 박테리아가 살았다. 동토처럼 여기에도 고균과 곰팡이 그리고 진핵 미생물이 살고 있었다. 우리는 돌을 갈아서 DNA를 뽑았다. 그 DNA의 유전 정보를 분석해 어떤 종류의 생물이 돌 속에 사는지 알아냈다. 돌의 성분과 돌 속의 구멍(물을 저장할 수 있는 아주 작은 구멍)도 분석했다. 큰 돌에 센서를 장착해 1년 동안 돌이 경험하는 온도와 수분 그리고 햇빛의 양도 파악했다. 그리고 이런 돌의 물리·화학적 특성이 미생물과 어떤 관계가 있는지 이해하려 했다. 나중에는 돌에서 RNA를 뽑아 여기에 사는 미생물의 기능을 유추하기도 했다. 그리고 최용회 군은 박사가 되었다. 현재 그는 우리나라 우주생물학 분야에서 최고 전문가 중 한 명이다.

2018년 11월 탐사선 인사이트호(Insight)가 화성에 무사히 착륙했다. 화성으로 쏘아 올렸던 탐사선 중 절반은 착륙에 실패해 연락이 두절된 것을 고려하면 엄청난 성공이다. 인사이트호는 화성의 땅속에서 어떤 일이 일어나고 있는지 탐사했다. 그리고 화성에도 지진이 일어난다는 소식을 전했다. 이전까지는 화성에 지각 활동이 다 끝나서 지진은 일어나지 않을 것이라는 의견이 많았다. 지각 활동이 있다면 화성에서 측정한 메탄가스는 미생물이 만든 게 아니라 땅속에 갇혔던 것이 지각 활동으로 인해 방출된 것일 수 있다. 메탄이 어디에서 생겨났는지는 동위원소를 분석하면 실마리를 얻을 수 있다. 화성에 우주인이 간다면 언젠가 꼭 메탄가스를 분석할 것이다. 2020년에는 마스 2020(Mars

2020) 탐사선이 화성을 향해 떠난다. 마스 2020은 땅속을 파서 흙기둥(토양 코어)을 얻어낼 계획이다. 화성의 땅속 2미터 속에는 과연 혐기성 미생물이 살고 있을까? 정말 너무 궁금하다. 내가 은퇴하기 전에 화성의 토양과 암석이 지구로 올 것 같다. 그 샘플을 꼭 분석해보고 싶다.

3부

여성이자 엄마로서

직장인
과학자가 되다

계획에도 없던 임신을 했다. 젠장!

포항공대 기숙사에서 연구실로 걸어가며 남편에게 전화를 걸어 대책도 없이 아기를 갖게 했다고 바가지를 긁었다. 남편 잘못만은 아닌데 그냥 막 짜증이 났다. 나중에 알고 보니 임신 초기에는 호르몬 변화로 짜증과 신경질이 는다고 했다. 친정도 시댁도 아기를 키워줄 만한 형편이 되지 않았고, 포항공대 기숙사는 도저히 육아를 할 수 있는 상황이 아니었다. 기숙사를 나가면 집도 구해야 하고 아기 맡기는 비용도 들 텐데, 인건비 100만 원으로는 이것을 도저히 댈 수가 없었다. 그렇다고 당장 어디서 직장을 구할 수도 없고, 돈을 빌릴 곳도 없었다. 이제 과학자로서 생은 마감하고 엄마로 변신해야 하나, 하며 내 처지를 불평했다.

그러다 문득 '고귀한 새 생명이 내게 와주었다는 건 감사할 일인데' 하는 깨달음이 들자 괴로움이 누그러들고 답답했던 마음도 조금 풀렸다. 그리고 며칠 뒤, 우연히 여성들에게만 지원하는 연구비를 발견했다. 당시에는 이공계에서 직업을 갖는 여성 과학자가 정말 드물었다. 여자가 남자와 비슷한 수준, 어떤 경우에는 더 뛰어난 연구 실적을 냈다 하더라도 결국은 남자를 뽑았다. "가정을 책임져야 하니까 남자가 먼저 직장을 가져야지." "박사 학위까지 받은 여자는 보통내기 아니야." "드세고 강한 여자들과 같이 지내기는 힘들 거야." "여자는 군대를 다녀오지 않아서 아무래도 사회성이 부족해." "여자는 융통성도 없어 일을 같이하기 쉽지 않아." 이런 말들이 공공연하게 오갔다. 여성 과학자는 아예 자신의 능력과 인성을 보여줄 기회조차 얻기 힘들었다.

내가 발견한 연구비는 '한국연구재단'에서 주는 '유망 여성 과학자 지원 과제'였다. 당시 김대중 대통령은 여성 인권에 관심이 높았고, 그 영향이 과학계까지 흘러들어 여성 과학자를 지원하는 과제가 등장한 것이다. 과학자를 꿈꾸는 소녀는 대학 입학 때부터 사회의 저항을 받는다. "여자가 무슨 그런 과를 가니?" 공대나 자연대를 지원하겠다고 하면 이런 소리를 듣는다. 대학원에 가려고 실험실 선배와 진지하게 상의하면 "석사만 마칠 거면 시작도 하지 마"라는 얘길 듣기 일쑤다. 박사 과정을 할 거라고 하면 대뜸 이렇게 말한다. "결혼은 어떻게 할 건데? 괜히 공부하다 아기라도 낳으면 박사 마무리 못한다." 그저 연구를 하고 싶을 뿐인데 사회 분위기는 이공계 여성이 마치 무슨 선구자나 되는 것처럼 때마다 고민하고 굳은 결심을 하게 만든다.

그러나 가장 큰 벽은 박사 학위를 받고 나서 직면한다. 취업이라는 높디높은 벽이다. '유망 여성 과학자 지원 과제'는 바로 이 지점에서 여성들에게 디딤돌을 놓아주는 것이었다. 여성의 현실 문제를 이해하고 구체적인 길을 제공하는 이러한 사회적 변화는 김대중 대통령과 아마도 이희호 여사의 영향이 컸을 것이다. 정치가 나의 삶에 구체적으로 영향을 줄 수 있다는 걸 그때 실감했다.

'유망 여성 과학자 지원 과제'는 국가에서 연구비로 여성 과학자에게 3년간 월급을 지원할 테니, 여성 과학자를 한 번 써보고 기회가 되면 정직원으로 고용해달라는 프로그램이었다. 물론 이 프로그램으로 정직원으로 고용된다는 보장은 없었다. 하지만 적어도 3년간의 직장은 생기는 셈이었다. 나중에 알고 보니 당시 한국연구재단에서 여성 과학자를 지원하기 위한 방향을 잡기 위해 서울대 노정혜 교수님께 자문을 요청했고, 노정혜 교수님은 여성 과학자가 고용의 기회를 가질 수 있도록 이 과제를 제안했다고 한다. 또한 여러 선배 여성 과학자들이 여성생명과학기술포럼이나 대한여성과학기술인회 같은 단체를 만들어 다양한 정책을 만드는 데 목소리를 냈다. 여성 할당제를 대학교수나 연구소에도 적용하게끔 하고, 대덕연구단지에는 공동 육아 시설을 만들도록 했다.

당시 수도권에서는 '유망 여성 과학자 지원 과제'로 지원할 수 있는 데가 두 곳 있었는데, 집에서 조금 더 가까운 한국해양연구원에 먼저 전화를 했다. 사실 이 과제를 지원하기 전까지는 한국해양연구원이라는 곳이 있는지도 몰랐다. 전화로 간단하게 자기소개를 하고 '유망 여성 과학자 과제'에 지원하고 싶다고 했더니 긍정적인 대답이 돌아왔다. "저, 제가 지금 임신 중인데 괜찮을까요?" 그러자 수화기 저편에서 유쾌한 목소리로 말했다. "나도 아기 낳고 키우면서 공부했는데 뭘. 연구소가 어떤 곳인지 한 번 와서 봐요."

연구소에 가려고 하니 입을 만한 정장이 없었다. 살짝 나온 배를 가려주는 하늘색 정장을 한 벌 샀다. 그런데 윗옷은 66사이즈이고 바지는 77사이즈였다. 바지허리는 나중에 줄여서 입기로 하고 샀는데, 길이도 길었다. 수선할 시간이 없어 긴 바지를 질질 끌며 사당역에서 지하철 4호선 안산 방향 지하철을 탔다.

"안녕하세요. 전화 드렸던 이유경입니다."

"어서 와요."

출입문 저편, 창가에 놓인 책상에는 컴퓨터 모니터와 책꽂이가 가림막처럼 놓여 있고 그 뒤에서 목소리가 들렸다. 모니터 옆으로 모습을 드러낸 이홍금 박사님은 검정색 반팔 티셔츠에 엄청 편한 바지를 입고 화장기 없는 얼굴에 머리는 뒤로 질끈 묶고 있었다. 사실 겨우 3년을 함께 일하는데, 그중 3개월을 출산 휴가로 빠지는 사람 그리고 아이를 키우느라 연구에 소홀할 것 같은 사람과 함께한다는 게 쉬운 결정은 아니었을 것이다. 이홍금 박사님은 같은 여성 과학자로서 후배의 어려움을 이해해주셨다. 그리고 그 뒤로도 줄곧 비를 막아주는 우산같이 직장 생활의 멘토가 되어주셨다.

다행히 신청한 과제가 선정되어 한국해양연구원에 비정규직으로 들어갔다. 그것은 나에게 대학원 실험실을 나와 직장에 들어간다는 걸 의미했다. 그리고 9년간 함께했던 홍조류와 이별하는 것이기도 했다. 연구소에 소속된다는 것은 내가 하고 싶은 연구가 아니라 해야 하는 연구를 하는 직장인이 된다는 걸 의미했기 때문이다.

임신은 정말 많은 변화를 가져왔다. 임신 초기 호르몬 변화로 인한 짜증이 끝나자 입덧이 찾아왔다. 식당이 가까워질수록 음식 냄새 때문에 역겨움이 더했고, 간신히 냉면으로 입덧을 가라앉힌 후 연구실로 돌아오곤 했다. 입덧이 끝나자 점점 무거워지는 배를 지탱하느라 허리가 아파왔다. 첫 직장인 한국해양연구원에서 내 능력의 120퍼센트를 발휘하고 싶었지만 현실은 80퍼센트도 다 하지 못했다. 무거워진 몸만큼이나 마음도 무거워졌다. 10년 이상을 학교와 15분 이내 거리에서 살다가 1시간 넘게 운전해 출근하는 것도 처음엔 힘에 부치는 일이었다. 화장실에서 졸고, 여성 휴게실에서 잠시 쉬곤 했다. 그러다 배가 핸들에 닿아 더 이상 운전을 할 수 없게 되었다. 그래서 출산 전 두 달 정도는 지하철로 출퇴근을 했다. 지하철역에서 다시 통근 버스를 타고 출근했다가 저녁 6시면 퇴근을 했다. 서울대나 포항공대에서는 밤 12시까지 실험을 했는데, 이렇게 일찍 퇴근하니 이래서야 제대로 연구를 하겠나 싶어 불안해졌다. "얼마나 아플까. 아무 일 없이 아기가 잘 나와야 할 텐데. 혹시라도 의료 사고가 생기면 어떻게 하지? 죽을 수도 있다는데." 출산에 대한 공포도 밀려왔다.

당시 남편은 대학원 석사 과정에 있었다. 기말고사를 보느라 거의 이틀 밤을 새운 남편은 내가 진통을 하는 바람에 쉬지도 못하고 또 밤을 새웠다. 그리고 15시간을 분만 대기실에서 기다리다 출산실까지 따라 들어왔을 때는 너무 힘들어서 쓰러질 뻔했다고 한다. "자, 이번에 안 되면 수술 들어갑니다." 의사 선생님 말에 나는 정신이 번쩍 났다. 진통은 진통대로 하고(무통 주사를 맞기는 했지만 그래도 아팠다) 수술을 하면 안 되겠다 싶어 마지막 힘을 다 쏟아부었다. 의사 선생님이 겸자로 아이 머리를 잡아 빼서 자연 분만을 했다. 한동안 아기 머리가 한쪽만 볼록하게 올라와 걱정했는데, 시간이 지나자 좌우 균형이 맞게 잘 돌아왔다. 산후조리원에서 3주를 보내고 집으로 돌아와 혼자 아기를 보는데, 밤에 잠을 충분히 못 자는 게 너무 힘들었다. 큰애는 한 번에 많이 먹질 않았다. 겨우 20~40밀리리터만 먹었기 때문에 자주 배고파했다. 밤에도 두세 시간 간격으로 일어나 아이를 먹이다 보니 거의 100일 동안 수면이 부족해 멍한 채로 지냈다. 한 번은 밤에 우유를 먹이고 옆으로 쓰러져 잠이 들었는데, 그 뒤로 팔이 옆으로 올라가질 않아 태어나서 처음으로 한의원에서 부항을 뜨기도 했다.

산후 휴가 기간은 끝나가는데, 아기를 맡길 사람이 마땅치 않았다. 다행히 동네에서 아기를 봐줄 분을 찾아 출근할 때 맡기고 퇴근할 때 데려왔다. 아주머니는 정말 성격이 좋아서 아기를 잘 돌봐주셨다. 그 집 큰딸은 우리 아이를 무릎에 앉히고 피아노를 치기도 했다. 매우 빠른 조기 음악 교육을 받은 셈이다.

몇 개월 뒤 친정에서 가게를 정리하고 아이를 키워주셨다. 주말마다 아이를 보러 친정에 갔는데, 한 주 동안 쌓인 피곤이 몰려와 아기와는 놀지도 못하고 그냥 쉬다가 밥만 먹고 돌아왔다. 큰애는 아파트 베란다에서 길을 내려다보며 빨간색 차가 지나가면 "엄마, 엄마" 불렀다고 한다. 나중에 친정엄마한테 이 이야기를 듣고 마음이 무척 아팠다. 어쩌면 큰애의 정서 밑바닥에는 그리움이 새겨져 있을지도 모른다. 그러다 만 세 살 때 아이를 집으로 데려와 놀이방에 보냈다. 우리 애가 놀이방 아이들 중 가장 어리다 보니 "너는 너무 어려서 이건 잘 못해"라는 말을 자주 들었다. 혹시 이것 때문에 자신감을 잃고 낮은 자존감으로 살아가면 어떻게 하나 걱정도 되었다.

그 뒤에 유치원까지는 괜찮았는데, 초등학교가 문제였다. 처음엔 학교 적응 기간이라고 해서 12시에 끝났고, 그 뒤로도 낮 1~2시면 끝났다. 그래서 수업이 끝나고 아기 맡길 곳을 또 찾아야 했다. 다행히 아이가 학교에 들어갈 무렵, 방과 후 돌봄교실 시범 사업이 시작되어 그 혜택을 받았다. 수업이 끝난 뒤에도 학교에서 오후 6시까지 아이를 봐주는 시스템이었다. 그러나 퇴근하고 가면 7시가 넘기 때문에 돌봄교실 이후에 학원을 하나 더 다녀야 했다. 돌봄교실 선생님이 퇴근하는 길에 아이를 피아노 학원까지 데려다주셨고, 나는 퇴근하면서 아이를 찾았다. 대한민국에서 엄마가 직장 생활하며 아이를 키우는 건 정말 쉽지 않다.

여성 과학자:
동병상련

아기를 갖기 전까지는 내가 여성이라는 걸 별로 인식하지 못했다. 부모님께도 "너는 여자니까"라는 말을 들어본 적이 없다. 어쩌면 이런 말씀을 하셨는데, 내가 한 귀로 듣고 한 귀로 흘려서 기억을 못하는 것일지도 모른다. 어쨌든 내 기억 속에 "네가 직장 생활을 하려면 아무래도 아이를 돌봐줄 수 있는 시댁을 만나야 한다"는 말씀 말고는 딸이라고 해서 특별히 다르게 대한 점은 없었다. 친정 부모님은 가구점을 운영했기 때문에 내가 아기를 낳아도 봐줄 만한 상황이 되지 않았다. 결혼할 때는 "아이를 돌봐줄 수 있는 시댁"이 얼마나 중요한지 전혀 몰랐다. 그러나 막상 아기를 갖고 보니 부모님의 통찰력이 절실하게 다가왔다. 결국 큰애를 마음씨 고운 동네 아주머니께 맡겼고, 얼마 뒤에는 가구점을 그만둔(아마 가구점 문을 닫는 데 나도 한몫을 했으리라) 부모님이 돌봐주셨다. 지금도 아버지는 큰애가 어릴 때 목말을 태우고 이천도자기 축제에 갔던 일이나 겨울에 눈썰매장 갔던 일을 이야기하신다.

둘째도 처음에는 친정에 맡겼다. 그런데 친정어머니 무릎 통증이 너무 심해져 시어머니께서 하던 일을 그만두고 2년 동안 키워주셨다. 만 세 살이 되어 어린이집에 다닐 만할 때 우리 집으로 왔는데, 그때 둘째는 엄마·아빠·누나가 낯설었는지 눈도 잘 맞추지 못했다. 하루는 어린이집 선생님이 잠깐 이야기 좀 하자고 했다. 아무래도 아이가 정상이 아닌 것 같으니 병원에 가보라는 것이었다. 직접 말하지는 않았지만 아마 자폐를 의심하는 눈치였다. 하늘이 무너지는 것 같았다. 내가 무슨 큰일을 하겠다고 아이를 떼어놓았을까 하는 자책이 몰려왔다. 아이한테 무슨 일이 있다면 모든 일을 그만두고 아이를 위해 남은 인생을 보내겠다는 결심을 하고 소아정신과를 찾아갔다. 의사 선생님은 아이와 이런저런 활동을 하며 관찰하더니 특별한 이상은 없다고 했다. 그저 또래 아이들보다 어휘력이 많이 부족하니 책을 읽어주고 대화를 많이 하라고 했다. 의사 선생님의 말씀이 너무 고마웠다. 지금 둘째는 어휘력도 풍부하고 자기가 관심 있는 분야에 놀라운 집중력을 보이는 소년으로 잘 자라고 있다.

내가 대학 1학년 때 '전국 생물학과 체육 대회'가 배재대학교에서 열렸는데, 이 행사를 준비한 분이 배재대 유순애 교수님이었다. 이인규 교수님 연구실에서 갈조류인 모자반 분류로 박사 학위를 받은 분이다.

'교수' 하면 으레 남자를 떠올리던 당시 분위기에서 여자 교수는 그 존재 자체로 희망이었다. 박사 학위를 받자마자 내게 시간 강사 자리를 만들어준 분도 유순애 교수님이었다. 배재대학교에서 조류학 강의를 하도록 기회를 주신 것이다. 아마도 본인 강의 하나를 후배를 위해 내주셨던 것 같다. 그때 이런 이야기를 하셨다. "실험실이라는 온실에서 나와 맞닥뜨리는 사회는 정글 같은 곳이야. 서로 피 흘리며 물어뜯고 싸우는 곳이지." 유순애 교수님은 그 정글을 잘 헤쳐 나와 미세조류 연구라는 새로운 분야를 개척했다.

이인규 교수님 연구실에서 석사 학위를 받고 미국에서 박사 학위를 받은 인제대의 이진애 교수님도 선배 여성 과학자다. 이분은 영어 실력을 계속 유지하기 위해 아침마다 영어 뉴스를 듣는다고 했다. 나중에는 인제대 부총장까지 지냈다. 이진애 교수님도 유순애 교수님처럼 항상 씩씩하고 활기찬 모습이었다. 열심히 살아온 이분들의 인생 자체가 후배 여성 과학자인 나에게는 하나의 길이 되었다.

이홍금 박사님은 극지연구소 소장이 되셨다. 본인이 소장을 맡기 위해 노력하거나 준비했던 것은 아닌데, 상황이 그렇게 흘러갔다. 처음에 극지연구소에서 정규직으로 일하는 여성 과학자는 이홍금 소장님, 안인영 박사님, 그리고 나 이렇게 단 세 명이었다. 안인영 박사님은 우리나라에서 최초로 남극에 발을 디딘 여성 과학자이자 아시아 여성 최초로 남극기지 대장을 지낸 분이다. 이홍금 박사님이 소장으로 재임하는 동안 극지연구소의 여성 과학자는 2배 넘게 늘어났고, 모성보호실도 제대로 운영되었다. 그리고 안인영 박사님은 선임연구본부장을, 나는 극지생명과학연구부 부장을 맡아 리더십을 기르는 기회도 얻었다. 사실 부장이 되기 전까지는 연구소가 어떻게 운영되는지 전혀 몰랐고 관심도 없었다. 그러다 부장이 되어서야 여러 회의에 참석하면서 하나의 조직을 운영하는 데 얼마나 다양한 분야가 필요한지 알게 되었고, 명문화한 규칙이나 지침의 의미도 파악할 수 있었다. 아마도 남자들은 군대를 통해 조직이 어떤 곳인지 경험할 텐데, 나는 부장을 맡고 나서야 비로소 조직에 대해 배웠다.

이홍금 박사님은 과학자로서, 사회 리더로서 업적을 인정받아 '로레알-유네스코 여성생명과학진흥상'을 받았다. 이 박사님은 여성생명과학기술포럼 회장이 되었고, 나에게 총무 일을 맡기셨다. 이제 겨우 극지연구소에 익숙해졌는데, 낯선 곳에서 잘 모르는 사람들과 만나는 것이 불편했다. 하지만 내가 정규직 일자리를 잡은 데 선배 여성 과학자들의 노력이 있었던 것처럼 나도 후배들을 위해 뭔가 해야겠다는 작은 목표 하나를 갖고 여성생명과학기술포럼에 참여했다. 이곳에는 생명과학뿐만 아니라 약학, 의학, 식품학 등 다양한 분야에서 활동하는 여성 과학자들이 함께한다. 이분들과는 1년에 두세 번밖에 만나지 못하지만 밥을 먹으며 이야기를 듣다 보면 너무나 공감되는 부분이 많다. 아이를 키우며 겪는 어려움이나 연구실을 운영하며 경험하는 일이 서로 비슷했다. 그중에는 박사 학위를 받은 후 다른 사람한테 아기를 맡길 상황이 되지 않아 잠시 연구를 쉬어야 했던 여성 과학자도 있었다.

이것을 경력 단절이라고 부르는데, 포럼에 나오는 분들은 다행히 몇 년 뒤 다시 연구할 기회를 얻어 과학자로 남았다. 하지만 그런 기회를 얻지 못하면 그냥 주저앉는 경우도 많다. 박사 학위를 받은 내 친구 한 명도 경력 단절을 뛰어넘지 못해 그냥 전업주부로 지내고 있다.

제발 우리 사회가 직장 다니는 엄마들이 아이를 마음 놓고 키울 수 있는 곳이 되었으면 좋겠다. 그런 의미에서 노르웨이나 스웨덴은 정말 부러운 나라다. 노르웨이 트롬쇠(Tromsø)에 있는, 우리나라 극지연구소와 노르웨이 극지연구소의 '극지연구협력센터'에 6개월간 파견을 나간 적이 있다. 이곳은 아침 일과가 8시 이전에 시작된다. 출퇴근 시간을 조정할 수 있어 엄마나 아빠 중 한 사람이 먼저 출근하고 다른 사람은 아이를 어린이집이나 학교에 데려다준 뒤 출근한다. 퇴근은 오후 3~4시 사이에 하는데 4시만 되면 연구소 복도의 불이 꺼졌다. 먼저 퇴근하는 엄마나 아빠가 아이들을 찾고 늦어도 저녁 6시면 가족 모두가 집에 모여서 시간을 함께 보낸다. 말 그대로 '저녁이 있는 삶'을 사는 것이다.

2018년 여름 스웨덴의 아비스코(Abisko) 과학기지에 간 적이 있는데, 우리에게 브리핑을 했던 과학자가 연구 현장을 보여주겠다고 하고는 사라졌다. 어디를 갔나 했더니 유치원에서 다섯 살짜리 딸아이를 찾아 데려왔다. 시계를 보니 오후 4시. 상황을 이해할 수 있었다. 그는 아이를 데리고 북극 현장에 나가서 연구 내용을 설명했는데, 아무도 이 아빠를 비난하거나 뒷담화하는 사람이 없었다. 모두가 당연하게 받아들였다.

이제는 극지연구소도 유연근무제를 운영하고 있어 아침 7~10시 사이에 자기가 원하는 시간에 출근할 수 있다. 점심시간 1시간을 빼고 8시간 근무만 하면 된다. 조퇴와 외출 제도도 있어 아이를 병원에 데려갈 일이 생기면 하루 휴가나 반일 휴가를 내지 않고도 일을 볼 수 있다. 나도 7시에 출근해서 일을 일찍 마치고 아이를 병원에 데려간 적이 있다. 극지연구소는 육아 휴직도 제대로 시행한다. 여직원뿐만 아니라 남자 직원도 반년이나 1년간 육아 휴직을 하며 아이를 키운다. 한 가지 더 바라자면 월급을 조금 적게 받더라도 단축 근무가 가능했으면 한다. 퇴근해서 집에 가면 저녁 7시쯤 되는데, 이때부터 저녁 식사를 준비해서 먹고 나면 9시가 훌쩍 넘는다. 가족들과 뭔가 이야기 나눌 여유도 갖기 어렵다. 단축 근무로 하루 6~7시간 일하고 오후 4~5시에 퇴근하면 조금은 더 여유 있는 시간을 보낼 수 있을 것 같다. 열 살 미만의 아이를 둔 부모에게 단축 근무를 허하라!

과학자의 직업병

"엄마, 저 풍선은 왜 하늘로 올라가요?"

어떤 행사에서 천장에 띄워놓은 풍선을 하나 얻어 집에 가져갔더니 둘째가 물었다.

"그건 풍선에 헬륨이 들어 있기 때문이야. 공기는 질소와 산소가 대부분이거든. 그런데 헬륨은 질소나 산소보다 훨씬 가벼워. 그래서 하늘로 올라가지."

"엄마, 헬륨은 왜 가벼워요?’

헬륨은 원래 그렇게 타고났는데, 이걸 어떻게 설명해야 하나 고민하다가 주기율표 그림책을 사주었다. 아이가 초등학교 2학년 때 일이다. 다행히 아이는 주기율표 그림책에 흥미를 보였다. 그래서 사진으로 쉽게 주기율표를 설명한 책을 한 권 더 사주었더니, 그걸 너덜너덜해질 때까지 읽었다.

초등학교 6학년이 된 둘째가 어느 날 어디서 노란 풍선을 구해왔다.

"이 풍선은 마법에 걸려서 정전기가 안 생겨요."

"그럴 리가. 이리 줘봐."

입고 있던 옷에 풍선을 비벼서 머리에 대보았는데, 머리카락이 풍선에 달라붙지 않았다. '뭐지? 천을 잘못 골랐나? 이럴 땐 화제를 전환하자.'

"너 어릴 때 풍선이 왜 하늘로 올라가느냐고 물었던 것 기억나?"

"당연하죠. 엄마가 헬륨이 들어서 그렇다고 했잖아요. 아이들한테는 그냥 풍선이 마법에 걸려서 하늘로 날아간다고 해도 되는데. 그게 동심에 더 좋지 않아요?"

아이 말을 듣고 보니 풍선 하나로 상상의 나래를 펼칠 수도 있었는데, 내가 너무 무미건조했다.

논문이나 보고서에는 감상이나 느낌이 들어가지 않는다. 데이터와 사실만 밝힐 뿐이다. 이런 일에 익숙하다 보니 일상생활에서도 감정은 배제하고 사실에 집중하는 편이다. 일종의 직업병이라고 할 수 있다.

과학자의 직업병으로, 어떤 사실을 정말 그런가 하며 확인하는 습관도 있다. 논문을 읽다 보면 지역에 따라, 조건에 따라, 아니면 시기에 따라 결과가 달라지는 경우를 자주 접한다. 종종 결과를 잘못 해석하는 논문도 있다. 그래서 어떤 사실을 만날 때 정말 그런가, 왜 그런가 자꾸 확인하게 된다. 한 번은 큰애가 커피숍에서 중간고사 공부를 한다며 문자를 보내왔다. 저녁 먹을 때가 되어서 전화를 했더니 음악 소리가 들리지 않았다. 그래서 "커피숍이라면서 왜 음악 소리가 들리지 않니?"라고 물었다.

"엄마, 이어폰 끼고 있어서 그래요."

"이어폰을 끼면 배경 소리가 전달되지 않나?"

사실 확인에 들어갔더니, 큰애가 기분 나쁜 목소리로 말했다.

"엄마, 제 말을 못 믿는 거예요?"

때로는 그런가 보다 하며 놔둘 줄도 알아야 하는데, 자꾸 질문하고 싶어지는 것도 과학자의 직업병 중 하나다.

실험을 하는 사람들에겐 설거지를 지나칠 정도로 깨끗하게 하는 직업병도 있다. 실험 기구에 다른 물질이 묻어 있으면 다음 실험에 영향을 줄 수 있기 때문이다. 그래서 실험실에서는 실험 기구 세척을 정말 깨끗하게 한다. 기본적으로 흐르는 수돗물에 열 번은 헹군다. 혹시 몇 번을 헹궜는지 잊어버릴까봐 헹굴 때마다 속으로 하나, 둘, 셋, 넷…… 헤아리기도 한다. 이런 일이 습관화되다 보니 집에서 설거지할 때 물을 많이 쓴다. 밥그릇, 국그릇은 맑은 물에 30초 이상 담갔다가 흐르는 물에 세 번에서 다섯 번 정도 헹군다.

직업은 취향에도 영향을 주는 것 같다. 나는 좀비가 나오는 영화를 좋아하지 않는다. 실제로 존재하지 않는 세계이기 때문이다. 그보다는 실제 있었던 인물이나 사건을 다룬 영화를 좋아한다. 공상과학 영화도 그냥 편하게 보지 못한다. 과학적으로 맞는지, 혹은 가능한지 자꾸 생각한다. 영화 〈투모로우〉를 보면서는 나도 모르게 이렇게 중얼거렸다. "저렇게 며칠 만에 기온이 급격하게 변하지는 않지. 최소한 몇 십 년은 걸릴걸."

하지만 하늘의 구름을 볼 때마다 물 분자가 모여 어쩌면 저렇게 기막힌 모습을 만드는지 감탄한다. 출퇴근길에 운전을 하며 슬쩍슬쩍 하늘과 산을 바라보기도 한다. 연한 색에서 점점 짙은 초록으로 변해가는 봄철과 초록색이 빨강, 노랑, 주황으로 변해가는 가을철이면 식물이 사람보다 뛰어나 보인다. 그렇게 조그만 씨앗이 이렇게 큰 나무로 자라는 게 놀랍고, 이렇게 작은 민들레에서 그렇게 많은 씨앗이 나오는 것도 놀랍다. 새로운 현상에 끌리고 그걸 합리적으로 이해하려 하는 것. 앞으로도 계속 지키고 싶은 과학자의 직업병이다.

엄마의 출장은
냉장고에서 시작된다

막연하게 과학자를 꿈꾸던 중·고등학생 때 내가 상상한 과학자의 모습은 조용한 숲속 연구실에서 흰색 가운을 입고 실험을 하는 퀴리 부인이었다. 사실 퀴리 부인도 한적한 숲속이 아니라 파리 시내에 살았지만, 내 상상 속의 과학자는 속세(?)를 떠나 자기만의 세계에 푹 빠져 있는 고독한 천재였다. 과학자는 연구실에서 유리 기구를 들고 하루 종일 실험을 할 것 같지만, 사실 분야에 따라 하는 일이 다양하다.

생물학자 중에는 주로 컴퓨터로 데이터를 분석만 하는 과학자도 있다. 요즘은 바이오 벤처에서 다양한 분석 서비스를 제공하기 때문에 샘플만 보내면 며칠 뒤에 염기서열 데이터를 받을 수 있다. 물론 분석할 것이 많으면 한두 달을 기다리기도 한다. 어쨌든 모든 실험을 다 직접 할 필요는 없다.

한 가지 분야의 실험을 제대로 하려면 몇 개월에서 몇 년 동안 숙련되어야 한다. 게다가 필요한 여러 가지 실험을 혼자서 다 하면 논문 하나 나오는 데 10년은 걸릴 것이다. 그래서 각 분야의 전문가와 함께 일해야 한다. 우리 팀도 토양 분석을 할 때 (우리한테 정밀 분석 기계가 없는 부분은) 공동 연구자에게 의뢰한다. 예를 들면, 고도의 전문성이 필요한 동위원소 분석이나 거의 모든 유기물을 한 번에 처리하는 대사체 분석 같은 실험은 전문 연구실에 맡긴다. 분석비를 주는 경우도 있고, 공동 저자로 논문을 함께 쓰는 경우도 있고, 둘 다인 경우도 있다.

실험실을 벗어나 현장에 나가야만 데이터를 얻을 수 있는 분야도 있다. 극지연구소에는 이런 분들이 많은데, 해양학자의 경우 쇄빙연구선 아라온(Araon)을 타고 남극해나 북극해로 가서 바닷물이나 해저 퇴적물을 가져온다. 또한 해수 온도와 염도, 식물 플랑크톤의 엽록소 양을 현장에서 측정하기도 한다. 바다 밑에 레이저를 쏘고 되돌아오는 신호를 받아 해저 지각의 특징을 알아내기도 한다. 지질학자의 경우 남극 화산(그렇다! 영하 90도까지 내려가는 남극에도 뜨거운 열기를 뿜어내는 분화구가 있다) 근처에 가서 암석을 채집하고, 남극 대륙 한복판에 들어가 운석을 찾아오기도 한다. 빙하학자는 빙하 기둥을 뚫어서 샘플(그 속에 과거 수천 년에서 수십만 년의 기후를 이해할 비밀이 담겨 있다)을 가져오고, 기상학자는 매일 센서가 달린 풍선을 띄우며 대기 중의 온도·습도·풍향 그리고 이산화탄소 농도를 측정하기도 한다. 우리가 지구의 이산화탄소 농도가 높아지고 있다는 걸 알게 된 것도 비가 오나 바람이 부나 매일 이산화탄소 농도를 측정한 과학자들 덕분이다.

나는 극지연구소에서도 동토생태학 연구팀에 속해 있다. 남극과 북극의 땅은 얼어붙은 동토인데, 기후 변화로 인해 이 동토의 온도도 높아지고 있으며 이 때문에 생태계가 급격하게 변하고 있다. 우리는 북극에서 크게 두 가지 질문을 던지고 있다. 빙하가 녹아 사라진 뒤 새로 드러난 맨땅에서 극지 생물은 어떻게 자리를 잡을까? 즉 박테리아는 조금 있겠지만 눈에 보이는 생물은 아무것도 없는 이 황량한 생태계에서 박테리아와 곰팡이 그리고 이끼와 꽃을 피우는 식물은 어떻게 자리를 잡고 살아갈까? 한마디로 '빙하 소멸 지역의 육상 생태계 천이'를 연구하는 것이다. 두 번째 질문은, 유기물이 많은 습지 툰드라 지역에서 토양 미생물은 이산화탄소와 메탄 발생에 얼마나 기여할까 하는 것이다. 이런 연구를 하기 위해 우리는 해마다 여름이면 북극으로 간다. 요즘은 주로 연구원들이 샘플링을 가지만, 연구 지역을 처음 선정하는 첫해와 두 번째 해에는 내가 직접 북극에 들어간다. 알래스카 카운실(Council)과 그린란드 자켄베르(Zackenberg)가 그렇게 개척한 연구 지역이다.

알래스카는 습지 툰드라다. 북극에는 이런 습지 툰드라가 상당히 넓은 지역에 걸쳐 있는데, 러시아의 시베리아가 대표적인 습지 툰드라다. 이곳에 가면 "여기가 북극 맞아?" 하는 소리가 절로 나올 정도로 여름엔 초록빛 벌판이 펼쳐진다. 풀과 키 작은 관목이 빽빽하게 들어선 툰드라 벌판에서 기상연구팀은 이산화탄소와 메탄 농도를 측정하고, 우리는 토양 미생물 분석을 위해 동토를 뚫는다. 그린란드 사켄베르는 습하지도 건조하지도 않은 중간 정도의 툰드라다. 이곳에서 덴마크 연구팀은 10년 넘게 온도를 살짝 높여주는 온실 효과 실험을 하고 있다. 우리는 이곳에서 북극의 기온이 높아질 때 툰드라 동토 속에 살고 있는 미생물과 토양 유기물은 어떻게 변하는지 연구하고 있다. 덴마크팀이 10년 동안 연구한 지역에서 토양 샘플을 얻어 분석하는 것이다. 물론 논문에는 두 연구팀이 모두 공동 저자로 들어가 있다.

이렇게 출장을 나가면 짧게는 열흘, 길게는 2주 넘게 집을 비운다. 정지영 박사는 어린이집에 다니는 아이들을 시어머님께 맡기고 3개월 동안 캐나다 케임브리지베이(Cambridge Bay)로 출장을 다녀오기도 했다. 알고 보면 해안선이 세계에서 가장 긴 나라가 캐나다다. 지도를 보면 캐나다는 그린란드와 가깝고 북극권에 상당히 많은 섬을 갖고 있다. 캐나다 북극권에서 우리는 7년 전 온도 상승 체임버(Open Top Chamber)를 설치했다. 기온이 높아지고 강수량이 증가할 때 건조한 툰드라에 어떤 변화가 일어나는지 연구하기 위해서다. 3개월 동안 권민정 박사도 함께 갔는데, 권 박사는 겨울에 눈이 더 많이 쌓이는 경우와 덜 쌓이는 경우 툰드라 생태계의 변화를 연구했다.

출장일이 가까워지면 나는 냉장고부터 채운다. 집을 떠나 있는 동안 가족이 먹을 걸 챙겨놓는 것이다. 종종 '내가 아빠였다면 그냥 가방 싸서 출장을 가면 될 텐데, 어쩌면 가방도 부인이 싸줄 텐데' 하는 생각을 하기도 한다. 엄마는 아빠보다 출장길이 더 무겁다. 한창 바쁠 때는 출장 바로 전날까지 야근을 하고 대형마트에 들러 장을 본 뒤 밤 12시가 다 되어서 집에 들어가 새벽까지 가방을 싸기도 했다. 대개 과일과 달걀, 유부초밥, 떡볶이, 사골국, 구이용 고기처럼 간편하게 해 먹을 수 있는 음식으로 냉장고를 채운다.

출장 며칠 전은 평소보다 더 바쁘다. 출장 가서 할 일을 준비하고 꼭 만나야 할 사람과 전달해야 할 메시지를 확인한다. 발표를 하는 경우는 자료를 준비하고, 간단한 선물과 연구 과제를 설명하는 팸플릿이나 연구소 소개 책자도 챙긴다. 출장의 성격에 맞는 옷도 골라놓는다. 정부를 대신해 대한민국 대표로 국제회의에 참석하는 경우는 정장과 장신구(평소에는 하지 않는 반지와 브로치)를 준비하고, 북극 현장 탐사를 가는 경우는 등산복과 등산화를 준비한다. 내 행동 하나로 우리나라에 대한 이미지가 달라질 수 있기에 평소보다 신경을 많이 쓴다.

2000년대 들어 북극에 대한 관심이 높아졌다. 북위 60도 이상에 영토를 소유한 나라를 북극권 국가라고 하고, 특히 북극해와 맞닿아 있는 나라를 북극해 인접 국가라고 한다. 북극해 인접 국가들이 너도나도 북극 관련 행사를 만들었다. 노르웨이는 아틱 프런티어(Arctic Frontier), 아이슬란드는 아틱 서클(Arctic Circle), 캐나다는 아틱 체인지(Arctic Change), 러시아는 국제 북극 포럼(International Arctic Forum)……. 이런 회의 하나에 참석하고 북극이사회 관련 회의, 북극과학위원회 관련 회의, 연구를 위한 탐사까지 하다 보면 1년에 대여섯 번은 출장을 간다. 한 해에 여덟 번 가기도 했다. 극지연구소에는 이보다 출장을 많이 다니는 사람도 꽤 있다. 극지 연구자가 소수이다 보니 자기 연구뿐만 아니라 정부가 할 일을 대신할 때도 있고, 극지와 관련한 현안이 생길 때마다 지원을 나가기 때문이다. 여행을 많이 해서 좋겠다고 하는 분들도 있는데, 출장과 여행은 분명히 다르다. 출장은 일이지 절대 여행이 아니다.

열대야가 20일 넘게 지속된 2018년 여름, 다산과학기지 출장 바로 전날 둘째가 복통을 호소하며 설사를 했다. 정말 걱정되었지만 그래도 예정대로 출발해야 했다. 한 번은 큰애가 감기에 걸렸는데 아침에 아이를 데리고 소아과에 다녀온 뒤 약 잘 챙겨먹으라는 말만 남기고 공항으로 향한 적도 있다.

웬만한 지역에서는 가족과 수시로 안부를 전하고 전화 통화도 할 수 있지만 북극에는 휴대전화는 물론 인터넷도 되지 않는 곳이 있다. 다산과학기지의 경우 휴대전화는 안 되지만 랜선을 연결하면 인터넷은 사용할 수 있다. 하지만 처음 그린란드에 갔을 때는 인터넷도 없었다. 인공위성으로 연결해 메일을 보낼 수 있는 컴퓨터 한 대와 위성전화가 문명세계와 우리를 연결해주는 유일한 통로였다.

알래스카나 캐나다의 북극권도 바람이 세게 불면 인터넷이 잘 되지 않는다. 게다가 속도까지 엄청 느려서 사진 한 장 내려받는 데도 기다리고 또 기다려야 한다. 첨부 파일은 열어보기 어려워서 가능한 한 메일 본문에 모든 내용을 다 담아달라고 한다.

그런 가운데 낮에는 툰드라 동토 위에서 샘플링을 하고 저녁에는 샘플링한 토양의 무게를 재거나 말리고 DNA 추출 용액에 담는 작업을 한다. 저녁밥 먹고 이런 실험을 하다 보면 밤 10시가 훌쩍 넘어가기 일쑤다. 어떤 날은 밤 12시, 어떤 날은 새벽 2시까지 일하기도 한다. 특히 그린란드 같은 외국 기지에 머무는 경우, 하루 체류 비용이 비싸기도 하거니와 정해진 비행기 날짜에 맞춰 나가야 하므로 하루도 쉬지 못하고 계속 샘플링을 한다.

현장에서 샘플링을 마치면 토양이나 돌멩이 샘플을 비행기에 다 싣고 올 수 없어 급한 것은 항공 우편으로, 그렇지 않은 것은 배로 보낸다. 바로 분석해야 할 것은 직접 들고 운반한다. 외국에서 식물이나 토양을 가지고 들어오는 것은 불법이다. 그래서 출장 떠나기 전 작성한 반입계획서(사전에 승인받은 문서)를 샘플과 함께 가지고 들어와야 한다.

그렇게 힘든 출장 일정을 마치고 집으로 돌아오면 텅 빈 냉장고가 나를 기다리고 있다.

여성용 구명복이 필요합니다

“작은 봉고차를 타고 부두로 나가 서바이벌 슈트를 입고 10인승 보트에 탔다. 서바이벌 슈트가 대체로 많이 커서 입기 불편했다. 극지연구소에서 많은 실험을 하건만 보트를 타는 데 필요한 기본 장비조차 수량이 부족하고, 사이즈가 맞지 않는다는 게 안타까웠다. 나라에서 지원을 더 많이 해주면 좋겠다.”

–북극청소년연구단 북극 일기 ‘북극 현장 활동 일지’ 2일차(2019.08.03.)

극지에서는 보트를 타고 이동하는 경우가 많다. 세종과학기지로 들어갈 때 사용하는 가장 마지막 이동 수단은 보트다. 헬리콥터를 타지 않는 한 다른 길은 없다. 세종과학기지는 두 대의 보트를 운영한다. 다산과학기지에서도 보트가 아니면 접근할 수 없는 지역이 있다. 걸어서 2시간이 걸리는데, 보트로는 15분이면 도착하기도 한다. 그런데 여기에는 우리나라 보트가 없다. 필요할 때마다 노르웨이 보트를 빌려 탄다.

보트를 탈 때는 구명복을 입어야 한다. 구명복은 윗도리와 바지가 붙어 있고 모자도 연결되어 있다. 손목과 발목이 꼭 조여서 옷 안으로 물이 들어오지 못한다. 이걸 입고 물에 들어가면 그대로 둥둥 뜬다. 혹시 사고가 나서 물에 빠지더라도 구조될 때까지 생명을 지켜주는, 말 그대로 생존용 옷(서바이벌 슈트)이다. 비록 보트는 빌려 타지만, 구명복은 우리 다산과학기지에 준비해놓았다.

처음엔 구명복이 남성용만 있었다. 굳이 남성용이라기보다는 중간 사이즈(M)와 큰 것(L)만 있고, 작은 사이즈(S)가 없었다. 세종과학기지나 다산과학기지 모두 마찬가지였다. 심지어 쇄빙연구선 아라온에서 사용하는 작업복에도 작은 것이 없었다. 여기에 처음 문제를 제기한 것은 우리나라 최초로 세종과학기지에 발을 디딘 여성 과학자 안인영 박사님이었다. 매년 세종과학기지에 들어갈 때마다 몸에 맞지 않는 구명복을 입어야 했던 안인영 박사님은 여성 과학자들을 고려해 작은 사이즈의 구명복을 사달라고 여러 해 요청했다. 그리고 마침내 작은 사이즈의 구명복이 구비되었다.

이런 비슷한 일이 국제 우주 정거장에서도 있었다. 국제 우주 정거장은 일부 모듈을 조립하거나 유지 보수하기 위해 우주인이 바깥으로 나가야 할 때가 있다. 이것을 우주 유영이라고 하는데, 지금까지

200번 넘는 우주 유영이 있었다. 2019년 3월 29일에는 역사상 최초로 여성으로 구성된 팀이 우주 유영을 하기로 했다. 앤 매클레인(Anne McClain)과 크리스티나 코크(Christina Koch)가 국제 우주 정거장 밖으로 함께 나가기로 한 것이다. 이에 앞서 앤 매클레인이 3월 22일 먼저 우주 유영에 나가 니켈 수소 배터리를 리튬 이온 배터리로 교체하는 작업을 진행했다. 그런데 이때 앤 매클레인은 대형 우주복이 자신에게 잘 맞지 않는다는 걸 경험하고 중형 우주복으로 바꿔달라고 요청했다. 하지만 여분의 중형 우주복이 없었다. 중력이 거의 없는 상태에서 정교한 작업을 하기 위해서는 몸에 꼭 맞는 우주복이 아주 중요하다. NASA는 우주인의 안전과 계획한 임무의 완수를 위해 여성들만의 우주 유영을 포기했다. 결국 크리스티나는 다른 남성 우주인과 배터리 교체 작업에 나섰다.

사실 작은 사이즈의 구명복을 갖추는 것은 여성에 대한 배려이기에 앞서 다양성을 존중하는 가치관의 문제였다. 연구소에는 키가 큰 사람도 있지만 작은 사람도 있다. 작은 사이즈의 구명복을 진작 갖춰놓지 못한 것은 돈이 없어서라기보다는 타인에 대한 이해와 배려가 부족했기 때문이다. 키 큰 사람은 작은 구명복을 입을 수 없지만, 작은 사람은 큰 구명복을 입을 수 있으니 수량이 제한되어 있다면 큰 것을 구비해놓는 게 효율적이라고 생각한 것이다. 구명복은 위아래가 붙어 있어 작은 사이즈를 입을 수 없는 게 사실이다. 그런데 큰 구명복을 입고 활동하는 게 얼마나 불편하고 거북한지 모른다. 효율을 따진다면 오히려 다른 기지에서 빌려 입기 쉬운 M이나 L 사이즈를 줄이고, 우리나라 사람의 체형에 맞는 S와 SS 사이즈를 갖춰놓는 것이 더 좋지 않았을까 싶다. 다행히 세종과학기지와 쇄빙연구선 아라온에는 작은 크기의 구명복과 작업복이 잘 갖춰져 있다.

연구 분야에서 여성보다 더 소외되어 있는 사람은 장애인이다. 신체 장애를 가진 과학자나 연구원은 정말 보기 드물다. 극지연구소에는 한쪽 다리가 불편한 남승일 박사님이 있다. 그는 우리나라에서 가장 먼저 북극점에 도달했고, 열다섯 번 넘게 북극해 탐사에 직접 참여했으며, 뛰어난 논문도 발표했다. 해양 퇴적물을 통해 북극해의 과거를 밝혀주는 그의 논문은 과거의 추억을 보여주는 아름다운 일기장 같다. 장애는 연구 활동을 하는 데 아무런 걸림돌도 되지 않았다.

장애를 안고도 열심히 연구하는 과학자로 서울대 지구환경과학부의 이상묵 교수가 있다. 그는 야외 지질 연구를 하러 가던 중 자동차가 전복되는 교통사고를 당해 마흔네 살에 장애인이 되었다. 그냥 팔다리가 불편한 정도가 아니라 목 아래쪽이 마비되어 손가락 하나 움직이지 못하는 중증 장애인이다. 나는 이상묵 교수가 서울대로 옮기기 전 한국해양연구원 연구원으로 있을 때 몇 번 본 적이 있다. 처음 교통사고 소식을 들었을 때 이제 연구는 못하고 집에 누워만 있을 거라고 생각했다. 그런데 불과 6개월 만에 다시 학교에 나왔다는 소식을 듣고 깜짝 놀랐다. 그는 턱과 뺨으로 전동 휠체어를 움직이고, 입 앞에 있는 빨대에 입김을 불어 마우스처럼 컴퓨터를 작동한다. 그리고 오히려 이전보다 연구와 관심의 영역을 훨씬 더 넓혀가고 있다. 그는 2019년 서울대 입학생에게 하는 축사에서 이런 말을 했다.

"저는 학문은 여러분이 나락으로 떨어졌을 때 여러분을 끌어 올리는 구원의 손길이 될지 모른다고 말씀드리고 싶습니다. 왜냐하면 삶은 우리 인간이 원대한 우주 안에서 자기의 존재와 의미를 이해해 나아가는 과정이기 때문입니다."

휠체어를 타고도 실험할 수 있는 연구실, 앞을 보지 못해도 데이터 분석에 참여할 수 있는 연구 시스템이 우리에게 있어야 한다. 과학의 큰 기둥의 하나인 상상력은 몸의 장애를 뛰어넘는 것이기 때문이다.

아이들에게는 멍 때릴 시간이 필요하다

초등학교나 중·고등학교에 가서 강연할 때 "과학자가 되려면 뭐가 제일 중요한가요?"라는 질문을 종종 받는다. 호기심! 내 대답은 호기심이다. 궁금한 게 없으면 연구할 것도 없으니까. 아이들은 대부분 호기심이 넘치고 질문이 많은데, 크면서 그 질문은 줄어들고 호기심도 사라진다. 아마도 공부에 대한 부담감 때문인 것 같다.

'수요일엔 바다톡톡'이라고, 해양수산부가 한국해양재단을 통해 운영하는 강연이 있다. 과학자들이 해양에 대한 재미있고 유익한 이야기를 나누는 프로그램이며, 극지 과학자도 가끔 강연을 한다. 여기에는 주로 초등학생들이 참여하는데, 강연 도중에 손을 번쩍번쩍 들고 질문한다. 독일이 운영하는 북극 기지에서는 매일 풍선에 센서를 달아 올려서 높이에 따른 온도와 습도, 바람의 세기와 방향을 측정한다고 했더니, 풍선은 얼마나 높이 올라가느냐, 풍선이 터지면 센서는 어디로 가느냐, 센서가 그냥 떨어지면 환경 오염이 아니냐는 질문이 꼬리를 물고 이어졌다. 센서가 북극에 떨어진 이후의 일은 나도 생각해보지 않은 부분이라 살짝 당황했다. 다음에 독일 과학자들을 만나면 꼭 물어봐야겠다.

한 번은 어느 중학교에서 연봉이 얼마냐는 질문을 받았다. 전혀 예상하지 못한 질문이라 이때도 당황했다. 월급을 받으며 이렇게 계속 연구할 수 있다는 것만으로도 감사하고 있어 내 연봉이 얼마인지 따져보지 않았다. 연말 정산 때 1년 동안 받은 금액이 나오기는 하는데 금방 잊어버린다. 내 월급에 대해 진지하게 생각해본 적이 딱 한 번 있다. 박사 학위를 받고 한국연구재단에서 박사후연구원에게 주는 연구 과제에 선정되어 월급을 받았는데 그 금액이 100만 원이었다. 그런데 얼마 후 대학교만 졸업하고 취업해도 이것보다 많이 받는다는 걸 알았다. 그제야 비로소 내가 한 번도 졸업 후 취직은 할 수 있을지, 월급은 얼마나 받을지 생각해본 적이 없다는 걸 깨달았다. 박사 과정 내내 그저 졸업이나 할 수 있을까만 고민했으니까. 만일 연봉을 많이 받고 싶다면 과학자보다는 공학자를 택하렴.

어느 고등학교에서는 강연이 끝난 후 조용히 다가온 학생이 있었다. 자기가 최근 과학에 관심이 생겼는데 그동안 공부를 열심히 하지 않아서 잘 할 수 있을지 자신이 없다고 했다. 공부를 못했어도 충분히 과학자가 될 가능성이 있다고 격려했다. 실제로 주변에서 입학 성적이 그리 높지 않은 대학을 졸업하고도 좋은 논문을 쓰고 왕성하게 연구하는 과학자를 많이 보았다. 중요한 것은 호기심을 잃지 않고 성실함과 끈기를 유지하는 것이다.

나는 아이들이 호기심을 지켰으면 좋겠다. 어른이 아이들의 호기심을 키워주기는 어렵겠지만, 최소한 있는 호기심을 죽이지는 않았으면 한다. 두 아이의 엄마로서 어떻게 하면 아이들이 호기심과 자신감을 잃지 않도록 할까 궁리하기도 한다. 뾰족한 방법은 잘 모르겠고, 그저 억지로 뭘 시키지 않고 하고 싶은 것은 해보라고 한다. 그리고 아이들이 말을 할 때는 가능한 한 잘 들으려고 한다. 한 번은 큰애가 음악을 녹음하고 싶다고 하길래 "내가 음악을 어떻게 알겠니. 네가 알아서 해봐" 했다. 큰애는 여기저기 알아보더니 음악 편집 프로그램을 깔고 장비를 빌려서 집에 있는 디지털 피아노로 자기가 작곡한 음악을 녹음했다. 둘째에게도 평소 "궁금하면 네가 직접 알아봐" 했더니 어느 날 CD를 읽는 외장형 ODD와 태블릿 PC를 분해했다. 그렇게 한 이유는 그냥 분해해보고 싶어서란다. 기껏해야 탁상시계 정도나 뜯어볼 줄 알았는데……. 아이가 나보다 훨씬 과감했다.

둘째는 관심 있는 것이 생기면 그것에 대해 끊임없이 이야기한다. 몇 개월 동안 두고두고 비슷한 이야기를 듣는 것이 쉽지는 않지만 몇 번 했던 이야기라도 무시하지 않고 계속 들으려고 노력한다. 정말 노력이 필요하다. 인체, 태양계, 자동차, 컴퓨터 게임, 컴퓨터 부품, 삼국지, 야구로 이어지는 둘째의 이야기에 질문도 하고 호응도 하다 보니 나도 뭔가 배우게 되었다.

그 전에는 전혀 몰랐던 포르셰와 람보르기니라는 자동차 이름과 그 창업의 역사를 알았고, 제갈공명과 제갈량이 같은 사람이며 유비의 책사였다는 것도 알게 되었다. 마인크래프트에서 집을 지을 수 있는 공간이 지구 표면보다 크다는 것과 포트나이트는 총으로 사람을 맞혀도 피가 나오지 않는(그러니 초등학생이 해도 되는) 게임이라는 것도 알게 되었다. 다만 내가 할 수 없는 일을 요구할 때는 못한다고 한다. "엄마도 마인크래프트를 하면 좋을 텐데요." "미안, 난 그럴 시간이 없어. 그리고 게임을 좋아하지 않아." 둘째는 게임은 하고 싶은데 컴퓨터가 없어서 눈치를 보며 누나 것을 사용하곤 했다. 그러더니 6개월 동안 유튜브로 컴퓨터 조립과 분해 영상을 찾아보고 온라인 쇼핑 가격 비교 사이트에서 부품 가격을 맞춰보더니 용돈으로 부품을 사 모아 컴퓨터를 조립했다. 이제는 자기 컴퓨터로 마음 놓고 게임을 한다.

큰애는 혁신 고등학교에 다닌다. 집에서 걸어서 10분 거리에 일반 고등학교가 있지만 거기는 싫다고 해서 혁신 고등학교를 택했다. 큰애가 졸업한 중학교는 한 반의 학생 수가 줄어든 것과 수행 평가가 있다는 것만 빼고 30년 전 내가 다녔던 학교와 별반 다르지 않았다. 이런 학교 분위기에 크게 실망해서 나도 혁신 고등학교를 다니는 것에 동의했다. 혁신 고등학교에서 아이들은 한국사 시간에 영화 〈암살〉을 보고, 기술과 가정 시간에 뜨개질을 하며, 특색 시간에 뮤지컬과 영화를 만든다. 수능을 대비한 공부를 하지 않기 때문에 좋은 대학에 들어가기는 쉽지 않겠지만, 큰애는 학교생활 자체를 즐기는 눈치다.

영화는 30프레임이 아니라 24프레임으로 해야 한다는 말에 마치 나도 잘 알고 있다는 듯이 고개를 끄덕이고, 자기가 편집을 맡았는데 좋은 영상이 나오지 않아 다시 찍어야 한다는 말에 '기말고사는 끝내고 편집을 해야 할 텐데' 하며 속으로 걱정도 한다. 하지만 열정적으로 뮤지컬을 준비하고 흥분된 목소리로 영화 줄거리를 이야기하는 아이를 볼 때, 이런 다양한 경험을 해볼 수 있는 것에 감사하기로 했다. 공부를 꽤 잘하니 조금만 더 열심히 해서 좋은 대학에 갔으면 하는 마음을 내비쳤다가 아이와 갈등을 일으킨 적도 있다. 하지만 이런 기대를 힘겹게 버리고 나니 조금은 편안한 마음으로 아이의 학교생활을 지켜볼 수 있게 되었다.

두 아이 모두 집에서 멍하게 있을 때가 많다. 이렇게 멍하니 있는 모습을 보면 순간적으로 내가 아이들을 잘 키우고 있는 건가 고민한다. 하지만 우리의 뇌는 너무나 많은 정보에 시달리고 있어 아무 생각 없이 멍하게 있거나 말도 안 되는 상상의 나래를 펴며 정보의 입력에서 벗어날 필요가 있다. 한마디로 멍 때리는 시간이 필요하다. 아이들이 행복한 10대를 보내면 좋겠다. 일생에 단 한 번뿐인 성장의 시간을 기분 좋게 떠올릴 수 있도록. 그런데 현실 속에서는 대학이라는 문턱 앞에서 나도 갈팡질팡한다.

오늘도 학교 가는 둘째에게 이렇게 인사한다. "재미있게 놀다 와!"

정말 학교생활이 재미있으면 좋겠다. 고등학생인 큰애에게는 "잘 다녀와. 사랑해!"라고 한다. 이 아이를 대학 입시에 가두지 않았으면 한다. 우리 아이들이 사회에 발을 디디기도 전에 학교에서 미리 기가 꺾이지 않았으면 좋겠다.

노르웨이 트롬쇠에서 여유를 배우다

과학자로서 정체성을 고민하고 있을 때 노르웨이로 6개월 동안 파견 근무를 가게 되었다. 노르웨이 극지연구소와 공동 연구를 하기 위해 만든 협력센터가 있는데, 이곳의 센터장에 지원한 것이다. 다들 연구하느라 바빠서 그랬는지 다른 지원자가 없어 내가 뽑혔다. 지원할 때 특별한 계획이 있었던 것은 아니다. 다만 스발바르(Svalbard)에서 가장 활발하게 연구하고 있는 노르웨이와 함께할 연구 분야를 찾고, 이들과 작은 연구 네트워크를 구축하고 싶다는 소박한 생각을 했다. 다산과학기지가 문을 연 지 10년이 넘었지만 그때까지 노르웨이와의 공동 연구는 거의 없었기 때문이다.

내가 갈 곳은 트롬쇠. 북위 69도에 자리 잡은 조그만 도시였다. 우리나라로 치면 전라남도 목포 정도에 해당하는 위치이고, 인구는 7만 명

밖에 되지 않았다. 다행히 작은 국제학교가 있어 둘째는 여기를 다니면 될 터였다. 하지만 큰애가 문제였다. 파견 결정이 난 2017년 2월은 큰애가 고등학교 2학년으로 올라가는 시기였다. 6개월이라는 파견 기간도 애매했다. 큰애를 두고 가야 할지 함께 가야 할지 고민스러웠다. 당시 남편은 대한민국의 40대답게 일에 쫓기며 가족과 저녁 식사를 같이하는 날이 거의 없었고, 집에서도 밤 12시가 넘도록 노트북 자판을 두드리며 일을 하곤 했다. 이런 남편한테 고등학생을 맡기고 가는 것은 무리였다. 그래서 큰애에게 1년을 휴학하고 쉬면서 진로에 대해 좀 더 고민하고 체력을 기르는 게 어떻겠냐고 제안했다. 큰애는 중학교 때부터 기말고사 즈음이면 체력이 바닥나 감기에 걸리거나 아파 누워버렸고, 방학 때 푹 쉬면서 체력을 보충해 다음 학기를 맞이하곤 했다. 그래서 이번 기회에 "인생의 쉼표를 찍어보자"고 했다.

트롬쇠는 공기가 맑았다. 큰애 표현에 따르면 "차가운 공기가 기관지부터 폐까지 맑게 정화시키는 느낌"이었다. 5월 중순이지만 아직 녹지 않은 눈이 동네 구석구석에 남아 있었다. 한겨울에 쌓아놓은 눈이 천천히 녹으면서 남은 듯했다. 맑은 날보다는 흐린 날이 많았다. 공기가 차가워서 여름철에도 섭씨 20도를 넘지 않았다. 5월부터 11월까지 거의 대부분 10~15도 사이였다. 그래서 가져간 반팔 옷은 한 번도 입어보지 못했다. 한 일주일 정도 바짝 화창한 날씨에 기온이 20도 넘게 올라간 적이 있는데, 사람들이 다들 돗자리를 펴고 일광욕을 했다. 심지어 바다에 뛰어들어 수영을 하기도 했다. 비도 자주 왔다. 거의 대부분 이슬비여서 우산을 쓰기에는 멋쩍었다. 시내에서 우산을 쓰고 다니는 사람은 대부분 관광객이고, 이곳 사람들은 그냥 비를 맞고 다녔다. 우리도 트롬쇠 사람들처럼 살짝 방수되는 겉옷을 입고 비를 맞았다.

낯선 곳에서 가장 큰 어려움은 아플 때가 아닌가 싶다. 트롬쇠에 도착한 바로 다음 날 아침, 둘째가 얼굴이 따갑다고 해서 보니 벌겋게 부어 있었다. 이제껏 한 번도 이런 일이 없어서 더 당황했다. 혹시라도 세제 잔여물 때문에 알레르기 반응을 일으킨 것 아닌가 싶어 침대보를 여러 번 헹궈 다시 깔았다.

'병원엘 가야 하나? 그런데 외국인은 의료보험도 없는데 병원에서 받아줄까? 가서 뭐라고 말해야 하지?' 이런저런 걱정을 하고 있는데, 다행히 현지 교민 중에 간호사가 있었다. 그분이 둘째 얼굴을 봐주셔서 마음이 조금 놓였다. 그리고 또 다른 교민이 알로에 젤을 주셨는데, 그걸 바르자 붓기가 가라앉아 병원에는 가지 않아도 되었다.

여름 내내 식물 사진을 찍느라 카메라를 들고 다녀서 그런지 팔꿈치와 손목이 아팠다. 며칠이 지나도 통증이 가라앉지 않아 병원을 찾아갔는데, 의사 얼굴도 보지 못하고 그냥 돌아왔다. 진료를 받으려면 미리 예약을 해야 하고, 예약하려면 그 전에 담당 의사를 먼저 지정해야 하는데, 이 과정이 또 며칠 걸린다고 했다. 언제든지 아무 병원이나 가서 진료를 받을 수 있는 대한민국이 새삼 고맙게 느껴졌다.

둘째가 다닌 학교는 트롬쇠 대학 안에 있었다. 집에서 버스를 타고 30분 정도 걸렸다. 학교 가는 첫날 버스 안에서 아이가 자기는 노르웨이에 오기 싫었는데 억지로 왔다며 짜증을 냈다. 여기 오기 전 국기원에서 태권도 승품 심사를 받기로 했는데, 그것 때문에 떠나기 싫다고 하기는 했었다. 하지만 이런 생각을 했는지는 몰랐다. 나중에 알고 보니 영어를 하나도 못해 학교생활을 걱정한 데서 나온 짜증이었다. 둘째는 학교에서 무엇을 배우는지 알아듣지도 못하고 대답도 못하는 자기를 아이들이 놀리면 어떻게 하나 걱정을 많이 했다. 혹시 아이들이나 선생님이 무서울까봐 걱정하기도 했다. 다행히 아이들은 영어를 못하는 둘째를 잘 이해해주었고 선생님도 친절했다. 첫날 학교에서 돌아오는 길에 어땠냐고 물어보니 짝이 구글 번역기로 중요한 내용을 번역해줘서 수업을 대충 이해했다고 했다. 구글을 이렇게 활용하다니. 이렇게 기발하고 기특할 수가! 선생님은 둘째가 종이접기를 잘 하는 것을 파악하고 반 아이들에게 종이접기를 가르치도록 아이를 격려했다.

귀국할 때쯤 둘째는 한국보다 노르웨이 학교가 더 좋다고 했다. 비록 영어를 알아듣지는 못해도 마음이 편하다면서. 마지막 인사를 할 때 보니 반 아이들이 너 나 할 것 없이 둘째를 안아주며 잘 가라고 인사하는데, 아이들의 진심과 따뜻한 마음이 느껴졌다. 둘째가 왜 노르웨이 학교를 좋아했는지 단번에 이해할 수 있었다.

둘째가 혼자서 집을 찾아오지 못했기 때문에 처음 얼마 동안은 내가 학교에 가서 아이를 데려왔다. 끝나는 시간에 맞춰 가려면 제 시간에 버스를 타야 하는데, 하루는 그만 버스를 눈앞에서 놓치고 말았다. 나는 미적거린 큰애에게 막 짜증을 냈다.

"빨리 서두르라니까! 너 때문에 버스를 놓쳤잖아."

이때 큰애가 조용히 한마디 했다.

"엄마, 노르웨이에 왔으면 노르웨이 사람들의 여유를 배워요."

뭔가 한 대 얻어맞은 기분이었다.

'지금까지 얼마나 발을 동동거리며 살아왔나. 항상 쫓기듯이 살았지. 그래, 네 말이 맞다. 이제는 좀 삶의 여유를 배워보자.'

마음을 가라앉히고 버스 시간표를 보니 반대 방향으로 가는 버스가 있었다. 반대 방향 버스가 오히려 시간도 더 적게 걸렸다. 덕분에 시간에 맞춰 갈 수 있었고, 학교 가는 더 좋은 길도 찾아냈다.

트롬쇠에서 지낸 그 6개월 동안에도 출장을 다섯 번이나 다녔다. 트롬쇠 주변에 서식하는 식물의 사진을 찍으며 아북극권의 생태계를 공부했다. 노르웨이 극지연구소와 협력할 수 있는 육상 생태계 연구 내용을 파악하고, 연구자들과 네트워크도 만들었다. 한국에 있는 동토 생태학 연구팀과 스카이프로 회의를 하고 논문도 투고했다. 스발바르에 사는 북극 식물에 대한 책을 영어로 조금 쓰기도 했다. 그러나 무엇보다 트롬쇠에서 좋았던 점은 여유를 배웠다는 것이다. 자동차가 없어 우유와 과일 등의 식품을 넣은 배낭을 메고 집에 올 때는 힘들기도 했지만, 그래도 천천히 걸으며 주변을 살펴볼 수 있었다. 아이들과 대화할 시간을 가졌고, 함께 음식을 만들고 피크닉을 다녀오기도 했다. 정말 필요하고 고마운 인생의 쉼표였다.

다산주니어를 뽑으며
특목고를 고민하다

고등학생도 북극에 갈 수 있다. 극지연구소에서는 청소년들에게 북극 연구 현장을 경험할 기회를 주기 위해 북극연구체험단을 운영하고 있다. '21C 다산주니어'라고도 부르는 이 체험단을 2005년부터 꾸준히 운영하고 있다. 처음에는 어린 학생들도 참여할 수 있었지만, 2014년 세월호 사건 이후 학생들의 안전에 대한 관심이 높아지면서 고등학생들에게만 기회를 주고 있다. 가끔 돈이 많이 들까봐 걱정하는 학생이 있는데, 체험에 필요한 모든 비용은 전액 극지연구소에서 지원한다. 극지연구소 과학자들이 학생들과 함께 북극 다산과학기지에 들어가며, 나도 2014년과 2015년에 체험단 단장을 맡았다.

북극연구체험단 단장 업무는 다산주니어를 선발하는 데서부터 시작된다. 매년 선발 기준이 조금씩 바뀌는데 여기에는 소장님의 철학과

가치관이 반영된다. 어떤 때는 〈도전 골든벨〉 같은 극지 퀴즈로 선발하기도 하고, 어떤 때는 논술로 선발하기도 한다. 내가 단장일 때는 자연과학에 관심이 많아서 앞으로 극지 과학자로 성장할 가능성이 있는 학생들을 선발했다. 그래서 지원서에 다산과학기지에서 하고 싶은 실험 계획을 적으라고 했다. 그런데 학생들의 지원서를 읽으며 우리 아이들의 교육에 대해 진지한 고민을 하게 되었다.

특히 과학고 학생들의 계획서에는 실험 방법은 있는데, 질문이 없는 경우가 많았다. DNA를 뽑는 방법은 아주 정확하게 잘 적었다. 그런데 왜 DNA를 뽑고 싶은지, 어떤 점이 궁금한지 분명하지 않았다. 도대체 과학고에서 아이들에게 무엇을 가르치고 있는지 알아보고 싶었다. 과학은 지식이 아니다. 과학은 지금까지 알려지지 않은 비밀을 새롭게 발견해나가는 과정이다. 알고 싶은 것이 없다면 새로운 발견도 나오지 않는다. 호기심과 질문이 사라진 과학고 학생들의 지원서에 나는 크게 실망했다. 학생들이 아니라 그들에게서 호기심을 빼앗아간 우리나라 교육 시스템에 실망한 것이다.

실험 계획에 질문 내용이 들어간 지원서를 골라 2차 선발에 올렸다. 2차 선발은 다산과학기지에서 자기가 실험하고 싶은 내용을 직접 발표하는 것이었다. 그런데 여기서 또 한 번 과학고에 대해 고민하게 되었다. 한 과학고 학생이 너무 자신감도 없고 의욕도 없어 보여 안타까울 지경이었다. 대학 입학을 위한 스펙을 쌓아야 한다는 엄마 손에 끌려서 억지로 지원한 게 아닌가 싶을 정도였다. 그 아이도 중학교 때까지는 참 열심히 공부하고 성취감도 있는 학생이었을 텐데, 과학고에서 경쟁에 밀리며 자신감과 자존감을 잃은 것은 아닌가 싶었다. 자기 속에 있는 잠재력을 발휘해보지도 못한 채 기가 죽은 그 학생이 안쓰러웠다. "시험 성적으로는 한 사람이 갖고 있는 실력과 잠재력을 충분히 평가할 수 없다. 그러니 시험 성적에 기죽지 마라. 절대 자신감을 잃지 마라. 네 가능성을 발견하기도 전에 포기하지 마라." 이런 말을 해주고 싶었지만 그 학생의 상황을 알지 못했기에 그냥 삼켰다.

이 무렵 중학생이던 큰애 학교에서 과학 시간 수행 평가로 실험 보고서를 쓰라는 과제가 나왔다. 그런데 수행 평가 유인물에 실험 주제는 어떻게 찾는지, 실험 준비물은 어떻게 구하는지, 실험 결과는 표나 그림으로 어떻게 정리하는지에 대해 한마디도 없었다. 큰애에게 이런 것을 배우냐고 물어보았더니 배운 적이 없다고 했다. 도대체 배운 적도 없는 실험 보고서를 어떻게 쓰라는 것인지 답답했다. 이러면 결국 아이들은 수행 평가를 위해 학원으로 내몰릴 수밖에 없다.

미국에서 연수를 받은 적이 있는데, 이때 초등학교 1학년 때부터 자기가 실험한 내용을 정리해서 발표하는 것을 보고 깜짝 놀랐다. 게다가 고등학교에서는 과학자들과 똑같이 자기 실험 내용을 정리해서 포스터로 발표했다. 심사위원으로 과학자들을 초청했는데, 나도 심사위원으로 참여해 학생들과 실험 결과에 대해 토론하기도 했다. 실험 내용은 대부분 단순했지만, 학생들은 이렇게 직접 실험 계획을 세우고 실행하고 전문가의 피드백을 받으면서 과학적으로 생각하는 방법을 배웠다.

체험단 단장으로 누가 가느냐에 따라 다산주니어들이 경험하는 내용이 조금씩 달라지기도 한다. 하지만 실제 자연에 나가서 관찰하고 실험하는 'Field Science'를 경험한다는 공통점이 있다. 다산주니어들이 모두 과학자가 될 수는 없겠지만 적어도 우리 지구가 얼마나 경이로우며 기후 변화에 얼마나 취약한지 알게 된다면, 그리고 멀고 먼 북극 오지까지 오염과 파괴라는 인간 활동이 어떤 영향을 주는지 관심을 갖게 된다면, 이 프로그램을 운영하는 우리의 수고는 충분히 의미가 있을 것이다.

다산주니어에 관심이 있다면 극지연구소 누리집에서 관련 정보를 찾을 수 있다. 극지연구소 누리집 위쪽에 있는 '교육'을 누르면 '북극연구체험단'이 나온다. 여기서 매년 3~5월 공지를 내고 지원서를 접수받는다. 북극에 다녀온 다산주니어들의 체험기를 통해 이 활동을 간접 경험할 수도 있다.

나와 함께 북극에 갔던 다산주니어들의 체험담을 일부 소개한다.

"다산기지로 가는 경비행기 창문 너머로 커다란 북극 땅이 보였다. 커다란 빙하도 보이고, 산마다 만년설이 가득했다. 다산기지에 가까워질수록, 피복에 부착된 태극 마크의 무게가 더 엄중하게 느껴졌다."(강우림)

"해수 채취와 해수에 떠다니는 해파리 채집을 했다. 이게 보기엔 쉬워 보였는데 무균 채수병을 이용해서 수집하기도 힘들고 해파리도 으스러져 최상급의 표본을 구하는 데 많은 노력을 기울였다. 지성이면 감천이라지 않는가. 정신을 차려보니 내 채수통에 해파리가 들어와 있었다. 그냥 잡기만 하고 끝나면 우리가 실험을 했다고 어디 가서 말을 할 수 없지 않는가. 그래서 우리는 접사현미경을 활용하여 사진을 찍었다. 이런 활동을 극지에서 실제로 할 수 있다는 것이 즐거웠다. 나 자신이 처음으로 뿌듯했다."(전재문)

"내가 다산기지에서 연구한 샘플들이 극지연구소의 연구 자료로 직접 사용된다는 게 믿기지 않는다. 필터링이 진행되는 동안 이런저런 이야기를 나눴다. 대한민국 북극 연구의 최전선인 다산기지에서 밤을 새우며 실험을 진행하는 이 시간이 너무나 행복했다. 실험을 하다 12시가 되어서 박사님이 말씀하신 대로 밖으로 시계를 들고 나갔다. 백야를 알 수 있게 모두가 실험복을 입은 채 사진을 찍기로 한 것이다. 한국은 오전 7시지만 뉘올레순은 자정이다. 하지만 자정임에도 불구하고 해는 구름에 가렸지만 여전히 하늘에 떠 있다."(주건)

"휴대용 엽록소 측정 장치를 건네받았다. 나 역시도 처음 접하는 장비다. 이렇게 좋은 장비가 있었다니. 놀랍다. 이건 혁명이다. 뚜껑을 누르는 것만으로도 엽록소를 측정할 수 있다니."(김도헌)

"북극 오기 전에도 고민이었던 부분이 어떤 주제를 어떤 양식에 맞춰서 써야 할지 걱정이었는데, 다른 오빠 언니들이 작성하는 방법을 보고 요령을 터득했고, 옆에서 같이 실험했던 결과를 같이 쓰면서 많이 도와주기도 하였다."(김다은)

"오늘 가장 인상 깊었던 것은 독일 기지와 노르웨이 기지 방문이었다. 인상 깊었던 이유는 다산기지와 차이점이 많아서인 것 같다. 독일 기지에서 가장 신기했던 것은 라디오존데 관리와 대기의 에어로졸 분석을 위해 사용하는 레이저 장치였다. 특히 레이저는 너무나 강력해서 레이저 빔을 맨눈으로 보게 되면 바로 실명하며, 몸에 닿으면 살뿐만 아니라 뼈까지 없어진다는 것이 신기했다. 노르웨이 기지는 나이키 매장을 연상하게 하는 독특한 탐사복 창고와 깨끗하고 독특한 연구실 내부와 외부 형태가 신기했다. 연구 기지가 이렇게 독특할 수 있다는 것도 놀라웠다. 우리나라 다산기지에는 없는 장비와 연구실을 가진 독일과 노르웨이가 너무 대단해 보였다. 강한 나라는 극지 연구 분야에서도 강하다는 것을 두 눈으로 보고 왔다. 우리나라도 다산기지에 대한 더 많은 투자가 필요한 듯해 보였다."(박재원)

"오늘은 떠나는 날이다. 눈이 휘몰아치던 날씨는 개었다. 아침 식사로는 반숙 계란 프라이만 나왔다. 첫날 저녁과 별반 다르지 않은 것 같다. 수미상관. 오늘 아침 7시에 기지촌으로 북극곰이 내려왔다고 한다. 난 그때 자고 있었다. 일찍 일어날걸. 어제 내리는 눈을 보면서 이 눈이 내일까지 내리게 해달라고, 여기 좀더 있게 해달라고 기도했는데 소용이 없었다. 너무 추워

서 기도가 하늘까지 올라가지 못한 것 같다."(금민주)

"나는 '나'를 오래전에 잊었다. 중학교에 입학하고부터, 내가 진정으로 무엇을 하고 싶은지, 혹은 내 적성에 무엇이 맞는지에 대해 진지하게 생각해볼 기회가 없었다. 공부하느라 바쁘기도 했고 무엇보다 이런 경험을 해볼 수가 없었다. 북극은 나에게 있어서 터닝 포인트가 될 것이란 의미는 바로 여기에 있다. '나'를 찾았다. 적성을 찾았다. 흥미를 찾았다."(윤원준)

"항상 앞만 보고 걷던 고개를 조금만 내리니 새로운 광경이 보였다. 다 비슷비슷하게 보이던 풀들은 저마다의 아름다움을 갖고 있었다. 도로에서 내려다보았을 때만 해도 모두 똑같은 풀이었는데 가까이에서 보니 전혀 다른 식물이었다. ……바위가 어떻게 이곳에 있는지를 알게 되자 바위는 더 이상 단순한 돌덩이가 아니라 지구의 역사를 증명하는 소중한 자원으로 보였다. 자연의 가치와 의미를 더 깊이 이해하는 방법은 이거구나, 하는 생각이 들었다. 한국에 돌아간 다음에는 지구과학과 관련된 책을 더 많이 읽어봐야겠다. 그러면 내가 살고 있는 땅도 그 전과는 달라 보이지 않을까? 벌써부터 기대가 된다."(이수연)

제임스 후퍼에게
아이들을 어떻게 키워야 할지 배우다

나는 낯선 이름의 메일은 제목과 첫 줄만 읽는다. 시간과 에너지를 아끼기 위해서다. 과학자들도 종종 사기꾼의 메일을 받는다. 이를테면 사망한 남편에게서 거액의 유산을 상속받았는데 물려줄 자녀가 없어서 의미 있는 연구를 지원하는 데 쓰려고 한다면 이건 사기성 메일이다. 남편을 여읜 부인 대신 젊은 청년, 유산 대신 사업에 성공해서 등등 내용은 다양하지만 결국은 연구비를 지원해주겠다는 것이다. 연구비에 쪼들리는 과학자에게는 솔깃한 제안일 수 있다. 하지만 나는 누가 아무 조건 없이 연구비를 줄 정도로 유명한 과학자가 아니라서 제목만 보고 바로 삭제한다.

가끔 박사 학위를 받고 싶다거나 박사후연구원을 하고 싶다는 메일이 오기도 한다. 주로 인도나 아프리카 국가 학생들에게서 받는 메일이다. 그런데 대부분 자기가 어떤 실험을 해보았다는 내용만 들어 있다. 그리고 대개 '친애하는 교수님께(Dear Professor)'로 시작한다. 자기가 메일을 보내는 사람이 누군지 찾아보지도 않고, 그 연구실에서 어떤 연구를 하는지 확인하지도 않고 무작정 수백 군데에 메일을 뿌리는 것이다. 이런 경우에도 바로 삭제한다.

박사 과정 학생 한 명을 받으려면 지도 교수는 많은 것을 준비해야 한다. 가장 먼저 학생을 지원할 연구비가 있어야 하고, 이 학생이 인생을 걸고 집중할 연구 주제가 있어야 한다. 종종 본인이 원하는 주제를 찾아보라고 할 수도 있지만, 이 경우에도 교수 입장에서는 자신이 지원하고 도와줄 연구 분야를 제시해야 한다. 사실 연구 자체보다 의미 있고 중요한 연구 주제를 찾는 것이 더 어렵다. 외국에서 오는 유학생이라면 그 학생이 지낼 기숙사도 알아봐야 하고, 비자 문제도 함께 해결해야 한다. 이렇게 많은 시간과 노력을 들여서 학생을 받았는데, 한국 사회에 잘 적응하지 못하고 공부를 중도 포기하면 교수 입장에서는 정말 난감하지 않을 수 없다. 그래서 외국인 학생은 더 신중히 고민하게 된다. 그런데 우리 연구실이 무슨 연구를 하는지 알아보지도 않고(논문만 검색해도 바로 알 수 있다), 자기가 무슨 연구를 하고 싶은지도 밝히지 않는 학생에게 무엇을 기대할 수 있을까?

그런데 한 번은 아주 특이한 메일을 받았다. 자기는 경희대학교 지리학과 학생인데 연구실 생활을 경험하고 싶다는 내용이었다. 그러면서 자기소개를 덧붙였는데 경험이 굉장했다. 10대에 이미 에베레스트를 등반했고, 북극에서 남극까지 동력 없이 자전거와 요트·스키를 이용해 탐험을 했다는 것이다. 〈내셔널 지오그래픽〉에서 2008년 올해의 탐험가로 선정되었고, 게다가 영국인이었다. 영어로 논문을 읽는데 지장이 없다는 뜻이었다. 하지만 이 메일만으로는 그가 어떤 연구에 관심이 있다는 것인지 알 수 없었다. 잠시 고민하다가 극지연구소는 연구를 하는 곳이지 탐험하는 곳은 아니라는 내용으로 거절의 답장을 보냈다.

그런데 얼마 뒤 경희대 지리학과 공우석 교수님에게서 메일이 왔다. 자기 제자 중 '제임스 후퍼'라는 학생이 있는데 오스트레일리아에서 박사 과정을 공부할 예정이며, 그 전에 극지연구소에서 실험실 경험을 하고 싶어 한다는 내용의 추천서였다. 얼마 후, 극지연구소 홍보팀에서도 '제임스 후퍼'로부터 연구소 인턴을 하고 싶다는 연락이 왔는데 어떻게 생각하는지 문의가 왔다. 오스트레일리아로 갈 학생이라면 굳이 내가 받을 이유는 없었다. 하지만 거절당했을 때 포기하지 않고 다시 도전하는 모습에 도와주고 싶은 마음이 들었다. 그래서 연구실에 나오라고 했다.

불과 3개월 정도, 그것도 일주일에 3~4일 연구실에 나와서 어떤 하나의 주제를 잡아 연구하기는 불가능하다. 그래서 간단한 실험 방법을 배우면서 실험실 생활을 경험하는 데 초점을 맞추었다. 마침 알래스카 토양을 분석하는 데 일손이 모자라기도 해서 토양을 입자 크기별로 구분하고(말은 거창하지만 흙을 채에 친다는 뜻이다), 무게를 재고, 토양 속 유기물 함량을 측정하고, 탄소와 결합하지 않은 상태의 질소 화합물 함량을 측정하는 등 실험 방법을 익히도록 했다. 물론 이런 모든 실험 내용과 결과는 연구 노트에 꼼꼼하게 작성하도록 했다. 제임스는 아주 진지하게 배웠고, 성실하게 실험을 했다.

실험을 마칠 무렵 인터뷰한 기사가 〈미래를 여는 극지인〉에 실렸다. 〈미래를 여는 극지인〉은 우리나라 과학자들의 극지 활동과 극지에 대한 정보를 제공하는 잡지다. 극지연구진흥회에서 발간해 전국 초·중·고등학교에 무료로 나누어주는데, 과학뿐만 아니라 극지와 관련한 문화·역사·지리·탐험 등 다양한 내용을 담고 있다. 1년에 두 차례밖에 발간하지 않는데, 나는 잡지가 나오면 바로 그날 처음부터 끝까지 다 읽어본다.

여기에 실린 인터뷰에서 제임스는 에베레스트 등반은 우연히 시작되었다고 했다. 친구랑 신문에 실린 에베레스트 사진을 보고 '저곳에 가자'는 목표를 세웠다는 것이다. 막상 현실을 생각하면 '우리가 이런 일을 어떻게 하겠어?' 하며 포기할 만한데, 그는 현실은 인정하되 포기하지 않았다. 인터뷰에서 제임스는 이렇게 이야기했다.

"하지만 등정의 꿈을 이루기 위해 3년간 엄청 노력했어요. 클라이밍 클럽에 가입해서 등반을 배우고, 알프스와 히말라야 산맥의 침봉에서 빙벽 등반을 터득했어요."

그의 책 《원 마일 클로저(One Mile Closer)》를 보면, 제임스는 이 시기에 접시 닦기를 비롯해 다양한 일을 하며 여행 경비를 마련했다. 또한 정말 열심히 자전거를 타고 암벽 등반을 하며 체력을 키웠다. 그리고 꿈을 이루었다. 하지만 꿈을 이룬 뒤에는 허무했다고 한다.

"갑자기 우울해졌어요. 그래서 또 다른 목표가 필요했죠. 아무도 해 본 적 없는 세계 최초가 되고 싶었어요. 북극에서 남극까지의 무동력 종단이었죠. 철저하게 계획하고 준비했어요. 요트 세일링, 남·북극 횡단, 자전거 세계 일주를 한 사람들을 만나 인터뷰하면서 자료를 모았어요."

이번에도 제임스는 전 세계의 학교와 단체·회사를 상대로 수백 건의 강연을 하며, 탐험에 필요한 5억 6000만 원이 넘는 투자금과 후원금을 확보했다. 그동안 수도 없이 거절을 당했다. 아마 이런 경험을 통해 거절이 주는 상처를 극복하는 내성을 갖게 되었을지도 모른다. 어쨌든 거절당했다고 그냥 물러서지 않고 다시 한 번 도전하는 힘을 길렀다. (그래서 우리 연구소에서 학생 연구원을 할 수 있었다.) 하지만 북극에서 남극까지 탐험하는 이른바 'Pole to Pole'은 결코 쉬운 길이 아니었다.

"얼음판이 깨지면서 친구 로브가 빙하에 빠져 죽을 고비를 넘기기도 했고, 거센 바람과 24미터 높이의 파도에 요트가 전복되기도 했어요. 도중에 포기하고 싶은 마음이 굴뚝같았지만 서로 의지하며 이겨낼 수 있었죠."

제임스가 우리 연구실에 있을 때 250명의 고등학생과 100여 명의 승객이 침몰하는 배에서 구조되지 못한 채 죽는 사건이 일어났다. 제임스는 세월호 참사를 마음 아파했다.

"교실 안 교육보다 밖에서 하는 교육이 더욱 중요합니다. 배가 침몰하는 데 리더십이 안 보였어요. 그리고 틀린 정보를 대부분의 학생들이 믿고 받아들였어요. 만약 어려서부터 아웃도어나 서바이벌 교육을 받았다면 그런 위기에서 독립적인 마인드를 갖지 않았을까 싶어요. 부모들이 영어, 수학 학원만 다니게 하지 말고 밖에서 아웃도어 활동을 할 수 있도록 해줘야 합니다."

'가만히 있으라'는 말을 듣고 구조를 기다리다 세상을 떠난 아이들에게 미안했다. 내가 직접 관련된 일은 아니지만 그냥 미안했다. 한 사람 한 사람의 사연을 읽을 때마다 눈물이 나왔고 마음이 아팠다. 고등학생 때 이미 자기 힘으로 에베레스트에 오른 제임스 후퍼와 어른들의 말을 듣고 배에서 기다리다 영영 집으로 돌아오지 못한 우리 아이들이 대비되었다. 우리 아이들을 부모님 말씀 잘 듣고 선생님이 가르쳐주는 대로 열심히 공부만 하는 사람으로 키워서는 안 되겠다는 생각이 들었다. 꿈을 꾸고 그 꿈에 도전하는 아이로 키워야겠다고 생각했다. 스스로 판단하고 결정하며 자기 인생을 열어나가도록 여유를 주고 격려해야겠다고 생각했다.

지금도 가끔 제임스와 연락이 닿는다. 박사 학위를 눈앞에 둔 그에게 앞으로 어떻게 할 거냐고 물었더니 의미 있는 인생을 살고 싶다는 대답이 돌아왔다. 역시 제임스답다.

4부

극지연구소 연구원으로서

차가운 해변의 땅에서

강연을 가서 물어보면 청중의 절반은 세종과학기지를 안다. 하지만 북극 다산과학기지를 아는 사람은 10명 중 한 명도 안 된다. 다산과학기지는 스발바르에 있다. 사실 다산과학기지에 가보기 전까지는 나도 스발바르라는 곳이 있는지조차 몰랐다. 첫 북극 출장을 앞두고 찾아보니 세계 지도에 스발바르가 떡하니 있었다. 그린란드 오른쪽, 노르웨이 북쪽에 스발바르제도가 있다. 심지어 어떤 지도에서는 우리 한반도보다 더 크게 그려져 있다. 하지만 스발바르제도의 면적은 약 6만 1000제곱미터로 남한의 60퍼센트 정도 크기다.

스발바르는 '차가운 해변의 땅'이라는 뜻인데, 북극의 한적한 섬에 잘 어울리는 이름이다. 사실 스발바르가 섬 이름은 아니다. 스발바르는 크고 작은 섬들로 이루어진 제도(Archipelago)이기 때문이다. 가장 큰 섬은 스피츠베르겐(Spitsbergen)으로, 여기에 우리 다산과학기지가 있다. 이곳에 원주민은 없지만, 오래전 바이킹 시대부터 섬의 존재는 알려져 있었다. 빌렘 바렌츠(Willem Barents)가 1596년 발견한 뒤 수많은 배가 이곳을 거쳐 가며 고래와 물개를 사냥했다. 그러다가 19세기 중반 석탄 매장이 알려진 후 광산 회사가 들어왔다. 이때까지도 이 섬의 소유권은 정해지지 않았다. 제1차 세계대전이 끝나고 1920년 2월, 16개국이 프랑스 파리에 모여 스발바르 조약을 맺었다. 스발바르제도를 노르웨이가 관할하되 이 조약에 가입한 나라의 국민은 이곳에서 노르웨이 국민과 동등한 권리를 갖도록 한 것이다. 1925년 이 조약이 효력을 발휘하면서 스발바르제도는 노르웨이의 일부가 되었다. 스발바르 조약에 우리나라는 2013년, 북한은 2016년 가입했다.

다산과학기지에 가려면 비행기를 네 번 타야 한다. 우선 런던, 파리, 암스테르담, 프랑크푸르트 같은 유럽의 주요 도시로 가서 비행기를 갈아타고 노르웨이 오슬로까지 간다. 나는 주로 핀란드 헬싱키를 경유한다. 비행시간이 가장 짧아 오슬로에서 1박을 하지 않고도 바로 스발바르까지 갈 수 있기 때문이다. 물론 엄청 피곤한 일정이다. 하지만 각종 샘플을 들고 귀국할 때면, 그 무거운 가방을 끌고 호텔까지 왔다 갔다 하는 것보다 그냥 쉬지 않고 비행기를 세 번 갈아타는 게 더 낫다. 기지로 가려면 오슬로에서 다시 스발바르제도의 관문인 롱이어비엔(Longearbyen)까지 비행기로 이동해야 한다. 비행기는 노르웨이 북쪽에 있는 도시 트롬쇠를 경유하기도 하는데, 이때는 기내에 있던 짐을 챙겨서 내려야 한다. 그리고 다시 탑승 수속을 밟으면서 여권에 출국 도장을 받는다. 유럽 국가들은 솅겐 조약(Schengen Agreement)을 맺어 출입국 심사 없이 이동할 수 있는데, 스발바르제도는 예외 지역이어서 출입국 심사를 하는 것이다. 오슬로에서 트롬쇠까지 1시간 50분, 트롬쇠에서 경유하는 1시간, 트롬쇠에서 롱이어비엔까지 1시간 40분. 오슬로에서 스발바르까지는 이렇게 거의 5시간이 걸린다. 오슬로–롱이어비엔 직항도 있는데 주로 새벽에 운행한다. 여름철에는 항상 좌석이 꽉 차서 출장 갈 때 오슬로–롱이어비엔 구간 항공권을 가장 먼저 예약한다.

롱이어비엔에는 유치원과 초·중·고등학교에 해당하는 학교가 있다. 스발바르에서 1년 내내 머물며 순록과 텃새를 연구하는 오스힐 페데르센(Åshild Pedersen) 박사의 아이는 롱이어비엔에서 초등학교를 다닌다. 한편 대학원생들이 몇 개월에서 몇 년씩 머물며 연구할 수 있는 시설도 있다. UNIS(The University Center on Svalbard)라는 기관으로 대기과학, 지구과학, 해양학, 생물학, 토목공학 관련 과목이 개설되어 있다. 모든 강의는 영어로 하며, 우리나라 학생도 지원할 수 있다. 봄 또는 여름 학기에 따라 과목을 선택해 수강 신청을 하면 된다. 학생들을 위한 기숙사 시설도 잘 갖춰 호텔에 비해 훨씬 저렴한 비용으로 지낼 수 있다.

롱이어비엔에서 뉘올레순(Ny-Ålesund)으로 들어가는 길은 12인승 경비행기를 이용한다. 이 비행기는 매주 월요일과 목요일 오전 10시와 오후 2시에만 운행한다. 종종 오슬로에서 아침 8시 무렵 출발해 롱이어비엔에 도착한 다음 당일 오후 2시 비행기를 타고 바로 뉘올레순으로 들어오는 경우도 있다. 하지만 혹시라도 오후 2시 비행기를 놓치면 롱이어비엔에서 3~4일을 머물러야 한다. 그래서 우리 팀은 하루 전날 미리 롱이어비엔에 도착해서 다음 날 뉘올레순으로 들어가는 비행기를 탄다. 이착륙 시간까지 합쳐 겨우 25분 남짓 걸리는 곳이지만 항공료는 왕복 100만 원에 달한다. 게다가 한 번에 들어가는 사람이 7명 이상 되면 아예 비행기를 임차해야 한다. 비행기를 임차하면 비용은 많이 들지만 비행 날짜와 시간을 우리가 정할 수 있다. 그래서 다산주니어는 임차 비행기를 이용한다.

북극 다산과학기지는 2002년 4월에 문을 열었다. 기지를 우리가 직접 지은 것은 아니고, 뉘올레순에 있는 과학기지촌에 속한 건물이다. 원래 노르웨이 기지로 사용했는데, 노르웨이가 새로운 기지를 지어 이사 나가면서 빈 건물에 우리나라와 프랑스가 들어간 것이다. 우리 기지 이름은 18~19세기 조선 시대 실학자 다산(茶山) 정약용 선생의 호를 따서 지었다. 다산은 정치가, 사상가일 뿐만 아니라 수원화성 설계에 참여하고 거중기를 만든 과학자이자 공학자이기도 했다. 다산은 외국인들이 발음하기 쉽고 기억하기도 좋은 이름이다.

다산과학기지는 김예동 전 극지연구소 소장님의 결단과 추진력으로 시작되었다. 남들이 남극 세종과학기지에만 머물러 있을 때 김예동 박사님은 북극의 중요성을 깨닫고 북극에 연구 기지를 만들자고 제안했다. 처음에는 별로 귀담아듣는 사람이 없었다. 북극엔 주권 국가가 있어 다들 남의 나라 땅에 기지를 짓는 건 어려울 거라고 했다. 하지만 김예동 박사님은 스발바르제도 뉘올레순에 있는 과학기지촌이 비북극권 국가에도 문을 개방하고 있다는 소식을 듣고 이곳에 기지를 열었다. 국제 과학기지촌에는 노르웨이, 일본, 독일, 영국, 네덜란드, 이탈리아, 프랑스가 차례로 기지를 열었고, 우리나라는 여덟 번째로 자리를 잡았다. 이후 중국과 인도도 뉘올레순에 들어왔다.

남극 세종과학기지가 남위 62도에 위치한 반면 다산과학기지는 북위 79도에 있어 위도는 훨씬 높다. 하지만 날씨는 남극에 비해 훨씬 온화하다. 따뜻한 북대서양 해류가 이곳까지 올라와서 에너지를 전해주기 때문이다. 스발바르는 같은 위도의 북극권 중에서도 가장 기온이 높다고 한다. 게다가 노르웨이에서 시설을 관리해주니 운영을 위해 1년 내내 기지를 지키는 월동 대원을 보내지 않아도 된다. 필요할 때만 연구원들이 체류하며 일할 수 있어 경제적이다.

경비행기가 뉘올레순에 착륙하면 과학기지촌 직원들이 짐을 하역한 뒤에야 비행기에서 내릴 수 있다. 그리고 마중 나와 있는 공항버스로 옮겨 탄다. 공항버스라고 해봐야 작은 15인승인데, 앞좌석에 주의 사항이 적혀 있다. 그중 하나가 여기 사는 동물들에게 먹이를 주지 말라는 것이다. 동물이 자연 상태에서 살아가도록 그대로 두라는 뜻이다. 그리고 휴대전화를 사용할 수 없다는 말도 있다. 이곳에는 무선으로 운영하는 과학 장비가 많기 때문에 이런 것에 교란을 주지 않기 위해 무전기 외에는 무선 장비 사용을 금지하고 있다. 휴대전화를 시계로만 사용하는, 뭔가 허전하지만 자유로운 생활이 시작되는 것이다.

다산과학기지는 아담한 2층 건물로, 건물의 반쪽만 우리가 사용한다. 반면 바로 옆의 중국 기지는 이와 똑같은 크기의 건물을 통째로 쓰고 있다. 다산과학기지 아래층에는 생물학 · 지질학 · 대기과학 · 해양학 실험실이 있고, 물건을 보관하는 창고와 잠수 장비를 보관하는 공간이 있다. 위층에는 침실과 사무실, 식당 겸 회의실이 있다. 사무실과 회의실에는 인터넷이 연결된 컴퓨터가 있고, 각 방에도 랜선이 있어 노트북에 연결해 인터넷을 쓸 수 있다. 식사는 과학기지촌에서 운영하는 공동 식당에서 하는데 아침, 점심, 저녁, 밤참(별도 메뉴가 있는 것은 아니고 저녁 식사 시간이 5시라 밖에서 연구하느라 저녁을 먹지 못한 사람들을 위해 음식을 그냥 꺼내놓는 정도)을 제공한다. 밥이나 김치가 그리운 사람은 다산과학기지 2층에서 라면을 끓여 김치와 함께 먹거나 일회용 미역국을 끓여 밥과 함께 먹기도 한다.

겨울이면 밤만 계속되는 춥고 척박한 북극. 이 황량한 땅에서 눈을 뚫고 나와 꿋꿋하게 꽃을 피우는 북극 식물들을 보며 나는 생명에 대한 경외감을 느낀다. 북극에는 약 3000여 종의 식물이 사는 것으로 알려져 있다. 이 중 약 900여 종은 꽃이 피지 않는 이끼 같은 식물이다. 꽃을 피우는 식물 중에는 나도수영이나 씨눈바위취처럼 우리나라에서 자라는 것도 있다. 주로 고산 지대인 백두산에서 자란다고 하니 언젠가 북한 과학자들과 백두산 고산 식물과 북극 식물을 비교하는 연구를 해보고 싶다. 툰드라에 소나무처럼 큰 나무는 없지만 키 작은 관목은 있다. 담자리꽃나무는 빙하기를 꿋꿋하게 견뎌낸 관목이다. 씨앗이 목화솜처럼 생긴 북극황새풀은 북극 툰드라 습지에서 자주 볼 수 있는 풀이다. 북극 툰드라에는 추위를 이길 수 있도록 털이 보송보송 나 있는 식물도 있고, 하나의 뿌리에서 나온 줄기들이 촘촘하게 모여 자라는 식물도 있다.

그런데 북극 툰드라 식물이 점점 위기에 몰리고 있다. 기후 변화로 인해 타이가 지역의 나무와 식물이 자꾸 북쪽으로 올라오고 있기 때문이다. 툰드라의 끝은 북극해라 툰드라 식물은 더 이상 갈 곳이 없다. 한마디로 툰드라 식물은 벼랑 끝에 서 있다. 심지어 스발바르제도에서는 단 50여 개체밖에 남아 있지 않은 식물도 있다. 이런 북극 툰드라 식물을 지키는 데 힘을 보태고 싶다.

북극과의 첫 만남

북극 다산과학기지가 문을 연 2002년, 나는 해양연구원에 정규직으로 채용되었다. 그리고 한국해양연구원 해양자원연구본부의 '해양 미생물 다양성 연구사업단'에 소속되었다. 해양 생물을 자원의 관점에서 보는 조직이었다. 실용성이라는 한계선을 그어놓으면 연구의 창의성은 그만큼 위축되기 마련이다. 나는 막 선임연구원이 된 신참이었고, 우리나라의 북극 연구도 막 시작된 참이었다. 하지만 내게는 신참내기의 패기가 부족했다. 2003년 다산과학기지에서 연구를 시작했는데, 실용성의 테두리 안에서 이용 가능한 미생물만 찾느라 북극을 있는 그대로 보지 못했다. 그래서 북극에 대한 첫인상은 '생물이 별로 없는 척박한 땅'이었다. 어쨌든 스발바르에서 처음 수행하는 북극 탐사였기에 해양연구원 소식지에 당시 연구 활동을 기행문 형식으로 남겼다. 기행문은 이렇게 시작한다.

> 필자는 지난 7월 26일부터 8월 6일까지 북극 다산기지 하계 연구에 참여하여 북극 해양 미생물을 채집하고 돌아왔다.
>
> ……
>
> 1794년 북극점 탐험에 나선 월튼 선장은 북극에서 우연히 빅터 프랑켄슈타인 박사를 만나, 의사였던 그가 사람을 살려내려는 여러 차례의 시도 끝에 이름도 없는 한 생명을 만들어냈다는 이야기를 듣게 된다. 아무런 대책 없이 방치된 이 사람은 흉측한 외모 때문에 많은 사람들에게 배척당하고, 결국 사람들에 대한 증오심으로 빅터 박사가 사랑하던 사람들을 살해하게 된다. 이에 격분한 박사는 그를 좇아 북극까지 왔지만 너무 지쳐 월튼 선장의 배에서 죽음을 맞는다. "그는 내게 이름을 주지 않았어요." 끝내 자신의 정체성을 찾지 못한 그 사람은 자신에게 생명을 주었던 빅터 박사의 시체와 함께 북극 해빙에 남고, 빅터 박사의 인생 고백을 들은 월튼 선장은 생명을 걸고 정복하려던 북극을 뒤로한 채 집으로 뱃머리를 돌린다. (메리 셸리의 《프랑켄슈타인》)

북극은 일반적으로 7월 평균 기온이 10도 이하인 지역으로 정의되며, 대개 나무의 성장 한계선과 일치한다. 이곳은 전체 면적에서 30퍼센트만이 육지고 나머지는 바다다. 즉 유라시아와 아메리카 대륙의 북쪽 끝, 그린란드 그리고 이들로 둘러싸인 북극해로 이뤄져 있다. 북극해는 면적이 1400만 제곱

킬로미터로, 지중해의 4배이며 전 세계 바다의 3.3퍼센트를 차지한다. 평균 수심이 1200미터이고 연중 두꺼운 얼음으로 덮여 있는데, 이 얼음은 크기가 다양하며 바람과 해류의 영향으로 끊임없이 이동하고 있다. 게다가 얼음의 가장자리 지역은 여름에 녹았다가 다시 형성되기를 반복하기 때문에, 그 위에 기지를 세우면 기지가 얼음을 따라 다른 곳으로 이동하거나 얼음이 녹으면서 바다에 빠져버릴 수 있다.

북극에는 수천 년 전부터 사람이 살아왔지만, 극지에 대한 과학적 접근은 교통과 통신 수단이 발달한 20세기에야 가능했다. 그러나 제2차 세계대전 이후 냉전 기간 동안 군사적 이유로 접근이 통제되다가 1987년 소련이 북극권의 개방을 제안하면서 과학자들에게 문이 열렸다. 이를 계기로 1990년 국제북극과학위원회(Internationak Arctic Science Council, IASC)가 설립되었다. 우리나라도 2002년 국제북극과학위원회에 정회원국으로 가입했다.

북극은 지구의 기후를 만들어내는 곳이다. 지구 온난화로 인해 표층 해수 온도가 상승하고 해빙이 녹으면서 얼음의 알베도(Albedo)가 감소하고, 대기 순환 패턴과 수괴 경계, 해류 순환이 변해 결과적으로 지구의 기후에 큰 영향을 미치고 있다.

내가 본 다산과학기지 주변은 공기도 맑고 조용하며 아주 깨끗했다. 산에는 나무 대신 작은 풀과 빙하가 덮고 있고, 푸른 바다에는 빙하가 녹으면서 흙을 씻어 내려간 황토색 물이 퍼지며 장관을 이루었다.

도착해보니 일주일 먼저 온 1차 연구팀은 그동안 연구 기자재를 설치하고 가구를 조립하느라고 실질적인 채집은 우리가 도착한 날 시작했다. 생물연구팀은 이번 연구 기간 동안 다산과학기지 주변 해양 생물의 장기 모니터링 시스템을 구축해야 했는데, 이를 위해 생물 연구 실험실에 현미경·멸균기·냉동고·초저온냉동고·배양기·클린벤치·고온건조기 등 기자재를 설치하고, 책상과 옷장·침대 등을 조립하고, 다이빙을 위해 필요한 차량과 조디악(Zodiac, 고무보트)·공기충전소 등을 확보하느라 분주하게 보낸 눈치였다. 일주일간 연구도 못하고 고생고생하며 환경을 마련하고 나니 뒤늦게 나타난 2차 연구팀이 얄밉기도 했을 텐데……. 그래도 철없는 극지 초년생들을 너그럽게 맞아주셔서 감사했다.

기온은 영상 5도로 예상보다 춥지 않았으나 바람이 상당히 차가워 북극에서 구입한 물개 털모자를 쓰고 다니는 김동성 박사님이 무척 부러웠다. 실내가 매우 건조해 가습기와 보습제가 필요할 정도여서 젖은 수건을 실내에 걸어 습도를 조절하기도 했다. 북극은 연 강수량 200밀리로 매우 건조한 지역인데, 우리가 다이빙을 나가는 날마다 비가 내렸다. 북극에서 비를 맞으며 채집할 줄이야.

첫날 저녁을 먹고 나니 다이빙팀이 돌아왔는데, 샘플이 들어오자 기지가 부산해졌다. 주로 해조류와 성게 등의 해양 생물을 채집하고 해저 토양의 그랩을 떠왔다. 한쪽에서는 해조류를 동정하고, 다른 쪽에서는 중금속 분석용 시료를 건조시켰다. 다른 실험실에서는 해조류 표면에 서식하는 미생물을 배양하기 위해 시료를 접종하고, DNA 추출과 배양을 위해 시료를 막자사발로 갈았다. 또 다른 실험실에서는 저서동물을 염색하거나 퇴적토를 깊이별로 분획했다. 이런 작업은 다이빙이 있는 날마다 반복되었다. 특히 해조류 연구팀은 DNA가 파괴되기 전에 건조 표본을 제작하기 위해 새벽 2~4시까지도 일했다.

둘째 날부터 육지와 해안가 채집을 다녔다. 극지 미생물을 분리하는 이정현 박사님은 다양한 토양과 동물의 배설물을 채취했고, 극지 식물과 방선균에서 신물질을 추출하는 신희재 박사님은 엄청난 체력으로 새벽 2시에도 나가 채집하는 열의를 보여 '공수부대'라는 별명을 얻었다. 나중에 알고 보니 다이버 두 사람도 특수부대 출신이었다. 강성호 박사님은 해수의 온도, 염도, 탁도, 엽록소의 양, 용존 산소량, 광도 등 해양 환경의 물리·생물학적 특성을 측정하고 플랑크톤을 분석했다. 김동성 박사님은 비바람이 치는 날, 가슴까지 오는 바다에 직접 들어가 찬물 속에서 그랩을 떠오기도 했다.

기지 생활 중 잊을 수 없는 것이 '백야'다. 이전에는 백야가 어스름한 새벽 같은 밤인 줄 알았는데, 이건 햇볕 쨍쨍한 대낮이었다. 처음엔 시차 적응이 되지 않아 한밤중에 잠에서 깼는데, 창밖에 태양이 환하게 비추고 있었다. 밤새 해가 지지 않는 백야를 체험하며, 밤만 계속되면 겨울에는 어떤 기분일까 상상해보았다. 한 번은 기지 주변을 어슬렁거리던 여우 한 마리가 갑자기 뛰어가더니 한가롭게 놀고 있던 새끼 새들을 공격하는 걸 보았다. (순식간에 네 마리나 잡았다!) 채집지로 이동하는 도중 한 가족으로 보이는 아빠·엄마·아기 순록들이 여유 있게 풀을 뜯는 장면, 따뜻한 날씨에 떨어져 나온 유빙이 봄바람에 떨어진 벚꽃처럼 기지 앞바다에 가득 떠 있는 광경, 차가운 지표면에 시시각각 만들어졌다 사라지는 구름과 끝없이 펼쳐진 빙원을 보는 것은 연구 외에 주어진 보너스였다.

북극 환경의 특성을 이해하고 북극에 서식하는 다양한 해양 미생물을 채집할 기회를 주신 분들께 감사드린다. 다산과학기지에서 접종한 미생물은 지금 10도로 맞춰진 배양기에서 잘 자라고 있으며, 바이오필름에서 DNA도 추출했다. 그러나 일부 시료에서는 DNA가 뽑히지 않아 앞으로는 운반 과정 중의 DNA 파괴를 방지하고 운송 시료의 무게를 줄이기 위해 다산과학기지에서 직접 DNA를 추출할 필요를 느꼈다. 또한 원활한 채집과 무거운 다이빙 장비 운송을 위해 차량과 소형 모터보트가 있으면 좋겠다는 생각이 들었다.

여기까지가 2003년에 쓴 기행문이다. 안타까운 일은 다산과학기지에서 대부분의 연구가 일회성으로 그쳤다는 점이다. 연구 과제가 3년마다 바뀌다 보니 대부분 한두 번 기지를 방문해 논문 한두 편을 남기고 연구를 끝냈다.

하지만 스발바르에서 독일 연구팀은 우리와 다른 길을 걸었다. 1993년부터 지금까지 25년 넘게 꾸준히 기온과 대기압, 습도, 바람의 세기와 방향을 측정해왔다. 매분 자동으로 이런 데이터를 측정해 이 지역의 기후 변화를 감지했다. 독일 기지에서는 매일 한 번씩 풍선을 띄우는 실험도 했다. 풍선에는 무선으로 전송되는 계측기(radio)가 매달려 있다. 풍선이 지표면에서 약 30킬로미터 높이까지 올라가면서 온도와 습도, 풍향과 풍속을 측정하는 것이다. 일주일에 한 번씩 오존 농도도 측정한다. 이렇게 차곡차곡 쌓인 데이터를 일기 예보와 기후 변화 모델링 연구에 활용한다. 꾸준히 반복해서 데이터를 축적하는 연구를 모니터링이라고 한다. 사실 온도 측정은 초등학생도 할 수 있는 간단한 일이다. 아주 사소해 보이는 관측이지만 이것을 수십 년간 꾸준히 하면 환경의 변화를 파악하는 강력한 데이터가 되는 것이다. 스웨덴 키루나 기지에서는 100년 넘게 이런 데이터를 축적하고 있다. 그러나 우리는 항상 똑같은 일을 반복하는 모니터링을 하찮게 여기고 '이런 연구 말고 뭔가 근사한 것'에 연구비를 주다 보니 연구가 유행을 타게 된다. 과학자들은 연구비를 따라 계속 옮겨가면서 쌓이는 것 없이 새로운 연구에 도전만 하다 끝난다.

2016년 노벨 생리의학상을 받은 오스미 요시노리(大隅良典) 교수는 1977년부터 꾸준히 세포 내 소기관인 액포를 연구했다. 소기관에 대해서는 당시 아무도 관심을 갖지 않았고, 그의 논문 역시 전혀 주목받지 못했다. 그래도 그는 40년간 꾸준히 액포를 연구했다. 액포는 단백질을 재활용하는 역할을 하고, 이 과정에서 고장 난 세포 소기관이나 변형된 단백질을 제거한다. 그런데 이런 분해 과정이 암이나 퇴행성 신경 질환, 감염 질환, 노화 등 다양한 생명 현상에 관여한다는 것이 밝혀지면서 비로소 관심을 끌게 되었다. 예를 들어, 변형된 어떤 단백질을 분해하지 못하면 파킨슨병이 생긴다. 만일 액포에서 이 단백질을 분해하게 만든다면 파킨슨병의 치료법을 찾는 셈이다. 요시노리 교수가 처음부터 이런 가능성을 알고 액포를 연구한 것은 아니었다. 그저 세포 안에서 쓰레기를 처리하는 과정이 궁금해 액포를 연구했고, 이

한 가지를 중단 없이 연구하다 보니 노벨상까지 받게 된 것이다.

다산과학기지에서도 뭔가 한 가지를 꾸준히 했다면, 20년 동안 쌓인 데이터로 북극 환경 변화 연구에 기여할 수 있었을 텐데……. 하찮고 사소해 보이는 것이라도 꾸준히 할 수 있는 연구 분위기가 아쉽다. 제발 같은 연구를 30년, 50년 계속할 수 있는 날이 오기를.

북극 다산과학기지에서 하는 연구

우리나라에는 정부가 운영비를 지원해주는 연구 기관이 있는데, 이것을 '정부 출연 연구소'라고 한다. 연구소 앞에 '한국'이라는 이름이 붙으면 바로 이 정부 출연 연구소다. 한편 정부에서 직접 운영하는 연구 기관이 있는데, 이 경우에는 연구소 앞에 '국립'이라는 이름이 붙는다. 예를 들어 '국립보건연구원'이나 '국립수산과학원'은 정부에서 운영하는 연구 기관이고, 이 기관의 정규 직원은 공무원이다. '한국과학기술연구원'이나 '한국생명공학연구원'은 정부에서 운영비만 지원하고, 이 기관의 직원은 공무원이 아니다. 공무원은 국가공무원법에 따라 만 60세가 정년이고 공무원 연금을 받는다. 정부 출연 연구소에 근무하는 직원은 원래 만 65세가 정년이었는데, IMF 때 국가 경제가 어려워지자 만 61세로 정년을 줄였다. 정부 출연 연구소 직원은 별도의 연금제도 없이 국민연금을 받는다. 정년이 짧아서 그런지, 공무원 연금이 없어서 그런지 연구소에 근무하다 대학교수로 자리를 옮기는 경우도 있다.

나는 처음 정규직 선임연구원이 될 때까지도 연구소가 어떻게 돌아가는지 잘 몰랐다. 정부 출연 연구소가 어떤 곳인지도 잘 몰랐고, 정규직·비정규직의 개념도 없었다. 여러 개의 과제에 참여하느라 너무 바빠서 내가 비정규직에서 정규직이 되었다는 것조차 실감하지 못했다. 정부 출연 연구소에는 기본 과제 또는 주요 사업이라고 부르는 자체 연구비가 있는데, 이 연구비는 규모가 크고 안정적인 편이다.

그런데 이홍금 박사님은 이 연구비가 없어 여러 개의 기본 과제에 조금씩 참여했다. 그러다 보니 과제 계획서도 서너 개를 쓰고, 연구 결과 보고서도 서너 개를 써야 했다. 한 가지 보고서를 끝냈다 싶으면 또 다른 보고서 마감일이 다가왔고, 어떤 경우에는 2개의 보고서를 동시에 써야 했다. 연구비가 적어서 여러 개의 연구 과제를 따야 했고 한 과제의 계획서가 끝나면 다른 과제의 계획서, 보고서, 보고서, 보고서……. 이러다 보니 하나의 연구 주제에 몰입하지 못하고 연구비 유지를 위한 서류 작업만 하며 시간이 흘러갔다. 어떤 때는 연구비가 없어 샘플링을 해도 분석과 후속 연구를 진행하지 못했다. 때로는 보고서만 쓰다가 논문은 정리조차 못했다. 보고서는 한글로 쓰고 논문은 영어로 쓴다는 것 말고도 둘 사이에는 엄청난 차이가 있다. 논문을 쓰기 위해서는 데이터 분석과 글쓰기에만 완전히 집중할 두세 달의 덩어리 시간이 필요한데 그런 시간을 확보할 수 없었다. 자기 역량을 최대한 발휘하려면 한두 개의 연구에만 집중해야 한다.

2003년 북극 다산과학기지도 이런 쪼가리 연구비로 다녀왔다. 이왕이면 바이오필름 연구와 연결해보려고 바닷물 속에서 바이오필름을 형성하는 미생물을 찾아보기로 했다. 머릿속에서 샘플링 장면을 상상하며 낚시 장화까지 챙겨 갔는데, 막상 도착해보니 생물막이 보이지 않았다. 해안선을 따라 동쪽으로도 가보고 서쪽으로도 가봤지만 바닷가에는 모래사장이나 작은 돌멩이만 있었다. 바이오필름은 물속에 잠겨 있는 물체 위에 생기는데, 파도를 따라 돌멩이가 움직여서 그런지 돌멩이 표면이 거칠거칠했다. 이게 아닌데 싶었다. 물속에 넓적한 바위가 있고, 그 위에 반들반들한 바이오필름이 있어야 했다. 하지만 그런 단단한 바위는 찾을 수 없었다. 다산과학기지에 체류할 수 있는 기간은 얼마 안 되는데 혹시라도 샘플링을 못할까봐 불안했다. 수백만 원 들여서 출장을 왔는데, 빈손으로 돌아갈 생각을 하니 마음이 조급해졌다.

첫날 바닷가를 돌아다니다 절망하고, 둘째 날은 배를 묶어두는 선착장에 가보았다. 물속에 잠긴 구조물에 뭔가 있을 것 같아서 혹시나 하고 가봤는데, 역시 예상대로 나무로 만든 선착장에 바이오필름이 붙어 있었다. 빨간 고무장갑을 끼고(물이 꽤 차가워서 맨손으로 하면 손이 엄청 시리다) 선착장 바닥에 엎드려 면도칼로 바이오필름을 살살 긁어냈다. 이것들을 바닷물이 든 플라스틱병에 넣은 다음 기지로 가져와 냉장고에 보관했다. 바닷물 온도가 3~4도라서 냉장고 온도와 비슷했기 때문이다.

극지연구소 실험실로 가져온 북극 바이오필름은 아가 배지 위에서 접종해 박테리아를 키웠다. 함께 가져온 바닷물과 해저 퇴적물에서도 박테리아를 키웠다. 바이오필름이나 해저 퇴적물은 박테리아가 뭉쳐 있어 빠른 속도로 진동하는 장비를 이용해 세게 흔들어서 세포가 흩어지게 했다. 이것을 0.1밀리리터만큼 떠서 조그만 튜브로 옮긴 뒤, 여기에 멸균한 해수를 0.9밀리리터만큼 넣어 10분의 1 농도로 희석했다. 그리고 여기서 다시 0.1밀리리터만 떠서 새 튜브로 옮긴 다음 10분의 1 농도로 희석하면, 처음과 비교할 때 100분의 1 농도가 된다. 이것을 한 번 더 반복해서 1000분의 1 농도까지 희석했다. 이렇게 희석하는 것은 박테리아가 너무 많이 자라면 배지 위에서 서로 구분할 수 없기 때문이다. 샘플 속에 미생물이 많으면 실험실에서 키울 때 배지를 완전히 빽빽하게 덮는다. 그래서 100분의 1이나 1000분의 1로 희석한 배지에서 적당한 수의 박테리아를 키우는 것이다. 희석한 시료는 0.1밀리리터 정도만 떠서 몰랑몰랑하게 잘 굳은 아가 배지 위에 뿌리고 플라스틱이나 유리 막대기로 잘 펼쳐준다. 배지에서 빨리 자라는 박테리아는 하루 이틀만 지나도 눈에 보일 정도의 작은 덩어리로 성장한다. 작은 점 같은 이 덩어리를 '콜로니'라고 부른다. 늦어도 일주일이면 박테리아가 자라는데, 바닷물에 사는 박테리아 중에는 몇 주일이 지나야 겨우 콜로니가 보일 정도로 느리게 성장하는 것도 있다. 그나마 실험실에서 자라는 것은 고마운 녀석들이고, 지구상에 존재하는 박테리아 중 99퍼센트 이상은 실험실에서 키우지 못하고 있다.

북극 다산과학기지 주변의 바닷물과 바이오필름, 해저 퇴적물에서 유래한 박테리아는 대부분 기존에 알려진 것과 비슷했다. 박테리아의 이름은 앞에서 언급한 16S rRNA 유전자 염기서열을 비교해서 알아낸다. 일반적으로 기존에 알려진 박테리아와 이 유전자의 염기서열이 97퍼센트(최근에는 98.7퍼센트) 이상 같으면 동일한 종으로 본다. 예를 들어, 새로 배양한 박테리아가 대장균과 99퍼센트 염기서열이 동일하면 배양된 박테리아 이름은 대장균이 되는 식이다.

그런데 해저 퇴적물에서 새로운 녀석이 하나 나왔다. 이때 마침 분류학자인 홍순규 박사가 우리 팀에 합류해 그 새로운 박테리아가 새로운 종(species)을 넘어서 새로운 속(genus)라는 것을 밝혀냈다. 이제 그동안 아무도 알아채지 못했던 이 녀석의 정체를 밝혀 세상에 소개하는 과정이 남았다. 이 박테리아가 무엇을 먹고 사는지, 어떤 종류의 지방산이 있는지, 잘 자라는 최적 온도는 몇 도인지, DNA를 구성하는 염기 중에서 구아닌(G)과 시토신(C)은 몇 퍼센트를 차지하는지 등 다양한 특징을 조사해 논문을 써야 하는 것이다. 우리는 논문을 쓰기에 앞서 이 새로운 박테리아의 성을 어떻게 붙여줄까 궁리했다. 이왕이면 우리 다산과학기지를 알리고 조선 시대의 과학자 다산 정약용을 기리는 이름이 좋겠다는 의견이 많아 '다사니아'라는 속 이름(genus name)을 붙여주었다. 종 이름(species name)은 바다에서 나왔다는 뜻으로 '마리나'로 했다. 다사니아 마리나(*Dasania marina*)는 이렇게 세상에 알려졌다. 논문의 '감사의 글'에서 다이빙을 한 분께 감사를 표했어야 했는데, 깜

빡하고 인사를 빠뜨렸다. 정말 미안한 일이었다.

2004년 여름, 다산과학기지를 다시 방문했다. 이번에는 다산과학기지에서 DNA를 직접 뽑는 실험도 했다. 실험을 하려면 원심분리기와 마이크로 피펫(적은 양의 용액을 따르는 데 사용하는 실험 장비)이 필요해서 이것을 기내용 가방에 넣어 가져갔는데(혹시라도 화물용 가방에 넣었다가 잃어버리면 실험을 할 수 없으니까) 검색할 때마다 걸려서 매번 가방을 열어야 했다. 미니 원심분리기도 특이하게 생겼지만, 마이크로 피펫은 언뜻 보면 총처럼 생겼기 때문에 어디에 사용하는 것인지 일일이 설명해야 했다. RNA를 추출하기 위해 RNA를 분해하지 않고 샘플을 잘 보관할 수 있는 'RNAlater'라는 특별한 시약을 화물 가방에 넣었는데, 이것은 인천공항을 벗어나지도 못하고 버려야 했다. 탑승 수속 카운터에서 가방을 부치고 환전을 하고 있는데, 방송에서 우리 이름을 불렀다. 카운터로 갔더니 직원이 옆쪽 사무실로 우리를 안내했다. RNAlater 시약의 설명서가 없으면 화물로 보낼 수 없다고 했다. 출발 2시간 전인데 당장 설명서를 구할 수는 없었다. 이건 안전한 물건이라고 아무리 설명해도 끄덕하지 않는 직원을 속으로 원망하며 그 비싼 시약을 그냥 쓰레기통으로 보냈다. 출발 전부터 실험에 차질이 생긴 것이다.

다행히 원심분리기와 마이크로 피펫은 잘 가져갔는데, 함께 간 조현희 연구원의 가방이 오슬로에 도착하지 않았다. 경유지인 프랑스 파리까지는 가방이 잘 온 것을 확인했는데, 그 이후로는 파악이 되지 않았다. 가방이 빨리 오길 바랐지만, 다음 날 스발바르로 출발할 때까지도 가방의 행방은 찾을 수 없었다. 하는 수 없이 조현희 연구원은 따뜻한 윗옷을 하나 사서 기지에 머무는 3일 동안 입었다. 다행히 돌아오는 길에 가방을 찾긴 했지만, 그 뒤로 가능한 한 파리는 경유하지 않는다.

2011년에는 경유지로 암스테르담을 선택했는데, KLM 항공이 8시간이나 늦게 출발하는 바람에 예정대로 오슬로까지 가지 못한 채 암스테르담 공항에서 밤을 새우고 다음 날 간신히 스발바르에 들어갔다. 그 뒤로는 KLM을 이용하지 않는다. 더 거슬러 올라가 2003년에는 영국 히스로 공항을 경유한 팀이 공항 파업으로 오슬로까지 바로 오지 못하고 고생한 적이 있다. 다행히 나는 그때 다른 곳을 경유해서 무거운 가방을 끌고 호텔을 찾아다니는 눈물겨운 경험은 하지 않았다. 하지만 2015년에 다산주니어와 함께 영국을 경유할 때는 런던 지하철이 파업하는 바람에 불편을 겪었다. 그 뒤로 히스로 공항도 이용하지 않는다. 이렇게 해서 남은 경유지는 독일 프랑크푸르트와 핀란드 헬싱키. 둘 중에 저렴한 항공권이 있는 항공사를 선택한다. 왜냐하면 출장비는 연구비에서 나오고 연구비는 궁극적으로 우리 국민이 낸 세금이기 때문이다. 나는 알뜰한 주부의 마음으로 가능한 한 연구비를 아껴 쓰려고 노력한다.

아무튼 원심분리기와 마이크로 피펫을 잘 가져간 덕분에 바이오필름에서 DNA를 추출할 수 있었다. 마침 서강대 전광환 교수가 바닷물에서 뽑은 DNA를 찾기에 이 DNA를 나누어줬더니 여기서 프로테오로돕신(Proteorhodopsin)을 찾아냈다. 프로테오로돕신은 세포막이 끼어 있는 막단백질인데, 빛을 받으면 구조가 바뀐다. 빛을 받아 구조가 바뀐 프로테오로돕신은 양성자(수소이온, H+)를 세포 밖으로 내보낸다. 세포 밖에 모인 양성자들은 ATP 합성 효소를 통과해 세포 안으로 들어오는데, 이 과정에서 ATP가 만들어진다. ATP는 생물이 사용하는 에너지의 형태다. 결국 프로테오로돕신을 갖고 있는 박테리아는 빛을 이용해 에너지를 합성하는 셈이다. 식물도 아닌데 에너지를 만드는 박테리아라니!

동토가 녹으면 이산화탄소가 줄어들까

나의 연구 지역은 북극 툰드라다. '북극'이라고 하면 대개 하얀 얼음으로 뒤덮인 바다에 북극곰이 어슬렁거리고, 눈 덮인 침엽수 사이로 산타할아버지가 순록을 타고 달리는 장면을 떠올린다. 하지만 북극에는 키 큰 나무가 없다. 북극의 땅은 정확히 말하면 기둥과 가지 있는 나무가 자라지 않는 툰드라다. 그린란드처럼 얼음에 덮인 땅도 있지만, 그렇지 않은 곳이 훨씬 더 많다. 북극도 넓은 지역이라 기후가 다양하다. 건조한 사막이 있는가 하면 초원도 있고 습지도 있다. 습지는 땅속에 얼음이 받치고 있어 물이 빠지지 않아 생긴다. 시베리아나 알래스카에는 넓게 펼쳐진 초원 위에 호수나 연못이 별처럼 뿌려져 있는데 여름에 가면 여기가 북극이 맞나 싶을 정도다.

툰드라는 동토다. 1년 내내 얼어붙은 땅이다. 하지만 땅의 표면은 여름에 약간 녹기도 한다. 지역에 따라 40~50센티미터만 녹기도 하고 200미터 넘게 녹는 곳도 있다. 과학자들은 1980년대부터 동토에 작은 구멍을 뚫고 온도 감지기를 넣어 깊이별로 온도가 어떻게 변하는지 측정해왔다. 그런데 1985년부터 땅속 온도가 북극의 여러 지역에서 높아졌다. 이것이 북극 전체에서 일어나는 현상인지, 아니면 일부 지역에서만 일어난 현상인지 확인하려고 1990년대에는 약 200여 곳에서 온도를 기록했다. 동시에 최대로 녹는 동토의 깊이가 얼마나 되는지도 측정했다. 놀랍게도 지난 20~30년 동안 북극의 거의 모든 지역에서 동토의 온도가 올라갔고, 최대로 녹는 깊이 또한 깊어졌다. 과학자들은 지금까지도 이런 관측을 계속하고 있으며, 기후 변화로 인해 북극 동토가 녹고 있는 걸 걱정한다.

처음에 과학자들은 북극의 기온이 높아지면 이산화탄소 농도가 줄어들 거라고 예상했다. 식물이 더 잘 자라서 광합성을 하면 이산화탄소를 흡수할 것이기 때문이다. 실제로 기온이 높아지고 동토가 녹으면서 식물이 더 잘 자랐다. 하지만 이산화탄소의 농도는 낮아지지 않았다. 어떤 곳에서는 이산화탄소 농도가 오히려 더 높아졌다. 이러한 변화를 확인하기 위해 지금도 북극 여러 지역에서 각 나라의 과학자들이 이산화탄소 농도를 측정하고 있다.

북극 툰드라에서 식물이 더 잘 자라는데, 왜 이산화탄소 농도가 높아졌을까? 과학자들은 툰드라 자체에서 그 답을 찾고 있다. 흙 속에 살고 있는 미생물 때문이 아닐까 하고 관심을 갖는 것이다. 툰드라 흙

1그램 속에는 약 1000만~1억 마리의 미생물이 살고 있다. 처음에 우리는 알래스카 툰드라 표층 토양에 사는 미생물의 수를 1만~10만 마리 정도로 추정했다. 그런데 웬걸! 우리 예상보다 미생물이 훨씬 많아 1그램당 100만~1000만 마리나 되었다. 어떤 미생물이 살고 있는지 분석해보니 박테리아만 해도 5000종류가 넘었다. 땅속 온도가 2~5도 높아지면서 이런 미생물이 활성화되어 호흡량이 많아진 것은 아닐까? (그렇다. 박테리아도 숨을 쉰다. 산소를 받아들여 물질대사를 하고 이산화탄소를 내뿜는다.) 과학자들은 이런 가설을 세우고 다양한 방법으로 연구하고 있다.

우리나라는 북극 툰드라 연구를 2010년에 시작했기 때문에 땅속 온도 측정에는 참여하지 못했고, 대신 이산화탄소 농도를 측정하는 데 참여하고 있다. 나는 극지연구소 이방용 박사님과 북극 동토 연구 과제를 시작하며 사전 조사를 위해 알래스카에 들어갔다. 연구 지역 선정에 고민이 많았는데, 알래스카 대학에서 먼저 북극 연구를 하고 있던 한인 교수의 추천으로 알래스카 서부 중간에 조그맣게 튀어나온 수어드반도에서 연구지를 찾기로 했다. 이곳에서 가장 큰 도시는 인구 3500명의 놈(Nome)인데, 매일 비행기가 운항한다. 작지만 항구도 있어 쇄빙연구선 아라온이 들러 헬기와 식품을 싣고 북극 항해에 나서기도 한다.

2010년 여름, 이산화탄소 농도 관측을 하는 채남이 박사와 함께 놈에 도착했다. 여성 과학자 두 명이 우리 연구소에서 아무도 와보지 못한 지역의 선발대가 된 것이다. 다행히 이곳에는 오랫동안 원주민을 위해 헌신해온 한국인 목사님이 계셨다. 목사님이 공항까지 마중 나와 우릴 숙소로 데려다주고 동네 지리를 익히도록 도와주셨다. 우리는 알래스카 대학에서 기상 관측 장비를 설치한 두 곳 중 한 곳을 연구 지역으로 정하기로 했다. 10년 정도의 기상 관측 자료를 활용하면 우리가 연구하는 데 시간과 에너지를 아낄 수 있기 때문이다. 그런데 두 지역이 모두 마을에서 2시간 정도 떨어져 있어 자동차를 빌려야 했다. 하필이면 철새를 연구하는 과학자들이 많이 와 있어 우리가 빌릴 수 있는 차량은 15인승 소형 버스밖에 없었다. 다행히 운전면허를 갱신할 때 1종 보통 면허로 변경해 국제 면허로 차량 대여를 할 수 있었다. 막상 차는 빌렸는데 기어가 옆으로 달린 차는 처음이라 대여업체 직원에게 기어 작동법을 물어보고 떨리는 마음으로 시동을 걸었다. 차량이 크긴 해도 길에 자동차가 별로 없어 운전은 어렵지 않았다. 우리는 아침에 먹을 시리얼과 과일 그리고 연구 현장에 나가 마실 물을 구입했다. 그리고 다음 날 들어온 연구자들을 마중 나가 호텔로 데려왔다.

우리는 연구 지역을 선정하기 위해 기상 관측 장치가 설치된 코거록(Kougarok)과 카운실로 나갔다. 한 곳을 가는 데도 왕복 4시간은 걸리는 길이라, 하루에 한 곳만 들러도 힘든데 우리는 그날 두 군데를 모두 둘러보았다. 빨리 연구 지역을 결정해야 하루라도 더 연구를 할 수 있기 때문이다. 이 지역 지리를 잘 아는 이열 목사님이 장소를 안내하며 운전을 해주셨고, 국제 면허를 가져온 연구원들도 번갈아 운전대를 잡았다. 말 그대로 산 넘고 물 건너 가는 길이었다. 산 정상에서 한치 앞도 보이지 않는 안개에 갇혀 혹시라도 차선을 벗어나 차가 산 아래로 구르면 어떻게 하나 걱정이 태산 같았던 적도 있다. 하필이면 그때 내가 운전을 하고 있어 정말 거북이처럼 기어서 카운실 연구지에 도착했다. 코거록 지역은 금을 캐려고 불도저가 땅을 파고 있어 포기했다. 이산화탄소 농도를 측정할 예정인데, 불도저에서 나오는 배기가스가 결과에 영향을 줄까 우려했기 때문이다. 카운실에는 알래스카 대학에서 관측 장비를 세 곳 설치했다고 했는데 그중 겨우 하나만 찾았다. 결국 자연스럽게 이곳을 연구 지역으로 결정했다.

무거운 배터리와 태양열 전지판, 그리고 이산화탄소 관측 장비는 쇄빙연구선 아라온에 실어왔고, 이것을 내려서 운반하는 것은 우리의 몫이었다. 연구 지역은 도로에서 약 200미터 떨어진 곳에 있었는데 생물팀, 토양팀 할 것 없이 모두 일꾼이 되어 장비를 나르고 설치했다. 과제 책임자이자 가장 연장자이던 이방용 박사님은 곰이 나타나지 않는지 망을 보며 점심으로 준비한 즉석밥을 데우고 라면을 끓여주셨다. 오랜 현장 연구의 경험을 살려 숯불로 그 많은 라면을 정말 맛있게 끓였다. 점심은 물론 물과 간식까지 다 싸가지고 가야 하는 상황에 처해 보니 주방장이 해주는 밥을 먹는 연구 기지가 얼마나 좋은지 새삼 깨달았다.

알래스카에서 가장 힘들었던 것은 추위도 배고픔도 아니었다. 여름이라 기온이 꽤 올라가서 10~15도 정도는 되었기에 바람이 쌀쌀하기는 해도 그렇게 춥지는 않았다. 진짜 힘든 것은 화장실이 없다는 것과 새카맣게 떼로 몰려오는 모기였다. 북극에 와서 모기에 물릴 줄이야! 양봉 모자를 가져가기는 했는데, 이것마저 뚫고 들어오는 모기한테는 도저히 당해낼 수가 없었다. 그저 물리는 수밖에. 차라리 바람 불고 추운 날에는 모기가 나오지 않아서 더 좋았다. 저녁 식사도 어려움 중에 하나였는데, 다행히 우리 한국분이 운영하는 식당이 있었다. 가게 이름은 '밀라노 피자'였지만 햄버거와 피자뿐 아니라 초밥과 라면도 함께 팔았다. 우리가 밤 9시 넘어 도착해도 따뜻한 밥과 국을 내주신 이분들 덕분에 추위에 언 몸을 녹이고 하루의 피로를 풀 수 있었다. 우리가 아침을 시리얼로 때운다는 말을 듣고 다음 날 아침 일찍 김밥을 말아 오셔서 감동을 받기도 했다. 그때 먹었던 시원한 어묵국과 그 속에 담긴 따뜻한 정을 잊을 수가 없다.

사실 아직 과학자들은 북극 전체에서 이산화탄소 농도가 높아졌다는 결론을 내리지는 못하고 있다. 왜냐하면 이산화탄소 연구를 최소 20년 이상 한 지역이 그리 많지 않기 때문이다. 어떤 변화가 있다고 결론을 내리려면 최소 30년 넘게 여러 지역에서 관측해야 한다. 이것을 과학자들은 장기 모니터링이라고 부른다. 우리는 북극에서 아직 장기 모니터링 데이터를 만들어내지 못했다. 10년짜리 데이터도 없는 상황이다.

그런데 우리나라는 연구 과제를 10년 정도 지속하면 그만 끝내라고 한다. 그 정도 연구비 받았으면 충분하지 않느냐는 것이다. 북극 관측 연구를 한 지 10년이 다 되어가는데, 이제 그만하라고 할까봐 걱정이다. 툰드라 벌판에서 점심도 제대로 못 먹고(식당이 없으니까) 새카맣게 몰려드는 모기에 뜯기며 고생해서 설치해놓은 모니터링 시스템을 더 이상 운영하지 못한다면 북극 과학자로서 절망에 빠질 것 같다. 그리고 비슷한 지역에서 연구하고 있는 미국이나 캐나다, 일본 과학자들에게 창피할 것 같다. 전 지구적 큰 이슈인 기후 변화를 연구하는 데 대한민국이 이 정도밖에 안 되냐고, 가장 기본적인 모니터링도 제대로 못하냐는 소리를 들을까봐 걱정이다.

북극에서 추위보다 더 견디기 힘든 일은?

북극을 연구한다고 하면 대부분 "어휴, 추워서 힘들겠어요!"라고 반응한다. 사실 그렇게 춥지 않다. 우리는 주로 여름에 북극을 가기 때문이다. 다산과학기지의 경우 여름엔 0~5도 정도로 견딜 만하다. 물론 차가운 바람을 맞으며 냉장고 같은 온도에서 활동하는 것이 쉽지는 않다. 하지만 정말 힘든 것은 따로 있다.

나에게 가장 힘든 것은 북극곰으로 인한 긴장감이다. 다산과학기지가 있는 스발바르제도에는 약 300마리의 북극곰이 산다. 북극곰은 뽀로로 펭귄과 친구인 포비처럼 온순한 동물이 아니다. 북극권 최고의 포식자다. 말 그대로 물개 같은 사냥감을 잡아먹는다. 스발바르의 식물을 연구하는 엘리자베스 쿠퍼 교수에 따르면, 죽은 고래가 바닷가로 떠밀려오면 북극곰들이 몰려들어 포식을 한다고 한다. 이때 북극곰을 보러 관광객을 실은 배도 그쪽 해안에 몰려든다고 한다. 그런데 2011년 스발바르 본포스트브렌 빙하(Von Postbreen Glacier)에서 텐트를 치고 캠핑하던 '영국학교 탐험회' 회원들이 북극곰의 공격을 받아 고등학생 한 명이 죽고 탐험대 인솔자를 포함해 4명이 다친 사건이 있었다. 2018년에도 관광객을 싣고 스발바르 최북단 섬에 도착한 여객선 MS브레멘호의 안전 요원이 북극곰의 공격을 받아 상해를 입었다. 사람이 다치지는 않았지만 스발바르의 한 호텔 식량 창고에 북극곰이 침입한 적도 있다. 그렇다고 곰의 공격이 자주 있는 것은 아니다. 지난 40년간 북극곰이 사람을 공격한 사건은 열 번도 안 된다.

아무리 그래도 북극곰은 두려운 존재다. 다산과학기지는 스발바르 뉘올레순 과학기지촌 안에 있는데, 손바닥만 한 기지촌을 벗어나려면 반드시 총을 들고 다녀야 한다. 그리고 총을 지참하려면 곰에 대한 안전 교육과 총기 사용 훈련을 받아야 한다. 안전 교육과 사격 훈련을 받고 나면 교육수료증을 주는데, 이것은 2년만 효력이 있어 3년째에 또 교육과 훈련을 받아야 한다. 우리나라 연구자는 군대에 다녀온 경우가 많아 대부분 칭찬을 받으며 사격 훈련을 마친다. 나도 사격 훈련을 받았는데, 처음에는 과녁을 완전히 벗어나서 창피했다. 나중에 알고 보니 오른손으로 방아쇠를 당길 때 오른쪽 눈으로 조준을 해야 하는데 왼쪽 눈으로 과녁을 봤기 때문이다. 두 번째 사격 훈련을 받을 때는 총알이 모두 과녁 안으로 잘 들어가서 우리 연구팀의 안전 요원이 될 수 있었다.

하루 종일 연구 현장에 나가 있을 때는 점심 먹으러 기지에 가려면 2시간을 걸어야 하기 때문에 샌드위치를 싸간다. 이럴 때면 연구원들에게 햄이나 고기는 빼라고 한다. 혹시라도 북극곰이 냄새를 맡고 올지 모르기 때문이다. 현장에 나가면 모두들 샘플링하느라 바쁘다. 그래서 내가 주로 북극곰이 나타나지 않는지 감시하는 안전 요원 역할을 한다. 총을 메고 해안가를 살펴볼 때, 뭔가 하얀 물체가 눈에 띄면 가슴이 덜컹한다. 대부분 자세히 보면 바다를 떠다니는 조그만 얼음이다.

그렇다고 우리 연구원들이 북극곰을 전혀 만나지 않은 것은 아니다. 지질연구팀과 함께 암석 샘플링을 나갔던 최용회 연구원은 바로 100여 미터 앞에 있는 북극곰을 보고는 천천히 뒷걸음질해서 그곳을 빠져나왔다고 한다. 보트를 타고 연구지로 가던 정지영 박사는 조그만 바위섬에서 쉬고 있던 북극곰과 눈이 마주치기도 했다. 뉘올레순 앞에 있는 블롬스트란할뵈위아(Blomstrandhalvøya)섬에는 날씨가 나빠져 섬에서 나올 수 없을 때를 대비해 조그만 대피소를 만들어놓았다. 그곳에서 하룻밤을 지내던 김민철 박사는 잠시 밖에 나가려고 문을 열었다가 바로 몇 미터 앞에 있는 북극곰을 보고는 얼른 문을 닫고 곰이 지나가길 기다렸다고 한다. 북극곰과 언제 만날지, 어떤 상황이 벌어질지 몰라 현장 연구를 나갈 때면 저절로 긴장이 된다.

북극곰보다 더 괴로운 것은 모기떼다. 북극곰은 위험하기는 하지만 만날 일이 드물기 때문에 한창 샘플링을 하다 보면 잊어버릴 때가 많다. 하지만 북극에서 모기는 피할 수 없는 숙명이다. 북극 모기는 떼로 몰려다닌다. 모기는 바람이 잔잔한 날에 나오는데, 이럴 때는 벌을 치는 분들이 사용하는 양봉 모자나 벌레 막는 모기장 옷을 입고 다닌다. 차에서 내리면 어디선가 한 마리씩 나타나 금세 시커먼 떼를 이루는 극성스러운 모기. 점심을 먹을 때도 가만히 앉아 있을 수 없어 모기를 쫓아내며 걸어 다니면서 먹는다. 매년 여름철을 툰드라 벌판에서 보내는 남성진 연구원은 모기에 시달리는 것을 그냥 연구의 일부로 받아들인다고 했다.

북극에서는 가장 기본적인 일도 특별한 일이 된다. 화장실이 없어서 용변을 보는 것도 힘들다. 그래서 현장에 나가기 전날부터 물을 조금만 마신다. 현장에 나가는 사람들을 위해 야외에 간이 화장실을 만들어놓기도 하는데, 대부분 화장실 아래가 시냇물이다. 우리의 배설물이 바로 자연으로 돌아가는 것이다.

현장에서 채취한 무거운 토양이나 암석 샘플을 등에 지고 기지까지 한두 시간을 걸어가는 것도 힘들다. 보트로 15분이면 닿는 거리인데 연구용 보트가 없어 그 무거운 배낭을 메고 걸어갈 때면 가끔 서글퍼지기도 한다. 그래도 저녁 먹고 늦은 밤까지 시료의 무게를 재고, 일부는 유전자나 지방산 연구를 위해 보관하고, 일부는 토양 분석을 위해 건조시키다 보면 고단했던 하루가 다 잊힌다.

기지 주변을 어슬렁거리는 북극여우와 여유 있게 풀을 뜯는 순록, 그리고 깨끗한 공기와 완전한 고요함……. 이런 것들이 있어 북극 탐사의 힘든 시간을 잊고 또다시 북극으로 향하게 된다.

눈높이를 맞추면 새로운 것이 보인다

맨 처음 북극에 갔을 때는 식물이 눈에 들어오지 않았다. 해양 미생물, 특히 바이오필름을 만드는 박테리아를 찾아 바닷가에만 관심을 두었기 때문인 것 같다. 그러다가 2011년 식물생태학자인 서울대 이은주 교수님 연구팀과 다산과학기지에 가면서 비로소 식물에 눈길을 주게 되었다. 이때는 날씨가 너무 나빠서 뉘올레순으로 들어가는 경비행기가 뜨질 못했다. 갑자기 하루 동안 할 일이 없어져버린 것이다. 부랴부랴 호텔을 구해서 짐을 푼 뒤 우리는 롱이어비엔 식물을 둘러보기로 했다. 그냥 슬슬 산책하는 마음으로 나갔는데, 마을 옆 언덕을 올라가며 관찰하다 보니 예상 외로 다양한 식물이 눈에 띄었다. 한강 하구를 중심으로 습지 생태를 연구해온 한동욱 박사, 서울대 생태학 연구실에서 박사 과정을 밟는 이규 연구원(지금은 국립생태원에서 일한다), 생물 도

감과 자연과학 책을 펴내는 지오북 황영심 대표, 토양학자이지만 식물과 새에 깊은 지식을 갖춘 정지영 박사, 그리고 이은주 교수님과 나는 너 나 할 것 없이 식물을 살펴보고 사진 찍는 데 열중했다.

저녁을 먹은 후 그날 찍은 식물 사진을 함께 살펴보며 이야기를 나누다 보니 대부분의 북극 식물에 우리말 이름이 없었다. 그나마 동북아생물다양성연구소의 현진오 박사님이 스발바르 식물 표본을 만들고 목록을 정리해놓은 보고서가 우리가 참고할 수 있는 자료였다. 그동안 언론 매체에서 스발바르 식물을 종종 소개했지만, 저마다 식물의 우리말 이름이 달랐다. 예를 들어, 똑같은 식물을 〈내셔널 지오그래픽〉에서는 자주범의귀로, 다른 곳에서는 북극자주범의귀로 소개하는 식이었다. 이름을 통일할 필요가 있었다. 우리는 앞으로 보고서를 쓰다 보면 이런 식물들을 언급해야 할 텐데, 그냥 학명으로 보고할 것인지 아니면 우리말 이름으로 보고할 것인지 진지하게 토론했다. 아무래도 북극 현장에서 식물을 연구할 때는 학명보다 우리말 이름이 기억하기 쉽다는 쪽으로 의견이 모아졌다. 또한 북극 식물을 연구할 후학들을 위해 그리고 북극 식물에 대해 궁금해하는 일반인을 위해 지금은 좀 힘들더라도 우리말 이름을 정리하는 게 좋겠다는 결론을 내렸다. 그다음 날 다산과학기지에 들어가서도 낮에는 계획했던 현장 연구를 하고, 저녁이면 회의실에 모여 식물 사진을 보며 우리말 이름을 정했다. 매일 저녁, 때로는 즐겁게 때로는 엇갈린 의견을 조율하며 롱이어비엔과 다산과학기지 주변에서 촬영한 식물을 하나씩 정리해갔다. 물론 우리말 이름을 우리 마음대로 정한 것은 아니다. 분명한 기준을 갖고 거기에 맞춰 정리했다. 이렇게 해서 나온 것이 〈북극권 스피츠베르겐섬의 관속식물 국명 목록〉이라는 논문이다.

이 논문에서 우리는 우리말 이름을 이미 갖고 있는 식물은 기존 이름을 사용했다. 스발바르에도 살고 우리나라에도 서식하는 식물은 나도수영(*Oxyria digyna*), 씨눈바위취(*Saxifraga cernua*), 씨범꼬리(*Bistorta vivipara*), 왕김의털(*Festuca rubra*), 좀속새(*Equisetum scirpoides*) 등이다. 우리나라에 살지 않고 우리말 이름도 없는 경우는 먼저 학명에 맞춰 우리말 이름을 만들었다. 예를 들어, 미나리아재비에 속하는 식물이 난쟁이라는 이름의 학명을 갖고 있으면 난쟁이미나리아재비(*Ranunculus pygmaeus*)라고 불렀다. 눈(snow)이라는 의미의 학명을 가진 범의귀아재비에는 눈범의귀아재비(*Micranthes nivalis*)라는 이름을 붙였다. 그런데 학명으로 이름을 붙이기 어려운 경우에는 영어 이름을 반영했다. 북극쇠뜨기(Polar Horsetail), 툰드라별꽃(Tundra Chickweed), 북극이끼장구채(Moss Campion), 스발바르양귀비(Svalbard Poppy), 노랑범의귀(Yellow Saxifrage) 등이 이렇게 이름을 찾은 식물이다. 이 밖에도 학문적으로 인정되는 기준에 맞춰 46개의 식물에 우리말 이름을 찾아주었다.

매일 저녁 이름 붙이는 회의를 하던 중 식물도감을 만들자는 의견도 나왔다. 이번 탐사 기간 동안 틈틈이 식물 사진을 잘 찍어놓았는데, 이걸 활용해 누구나 식물을 쉽게 구분할 수 있도록 도감을 만들자는 것이었다. 이왕이면 외국 사람들도 볼 수 있도록 우리말과 영어로 설명글을 쓰자고 했다. 이렇게 해서 《다산과학기지 주변에서 볼 수 있는 북극 식물》이라는 책이 나왔다. 하지만 아직 일반인에게 보여줄 수준은 아니라서 서점에 내놓지 못하고 비매품으로 남았다. 대신 다산주니어들이 식물 관찰을 하는 책으로 잘 활용하고 있다.

우리는 일반인도 볼 수 있고, 외국 과학자들에게도 자신 있게 내밀 수 있는 식물도감을 만들기로 했다. 그리고 우리가 연구하던 알래스카와 그린란드, 캐나다 북극권에서도 식물 사진을 찍고 우리말 이름을 찾아주며 열심히 준비해서 《북극 툰드라에 피는 꽃》을 출간했다. 우리말 이름을 붙이는 과정에서 엄청 심하게 의견이 충돌한 적도 있다. 그린란드의 나라꽃이었는데, 학명도 영어 이름도 우리 이름으로 바꾸기에 적당하지 않았다. 마침 그린란드 이름이 'Young Girl'이어서 소녀분홍바늘꽃이 어떠냐고 제안했더니 '소녀'라는 이름은 식물명에 사용한 적이 없어서 안 된다고 했다. 대신 식물 이름에 '각시'는 사용할 수 있다고 했다. 꼭 과거에 사용한 이름을 따를 필요가 있느냐, 각시는 '새색시'라는 의미라서 그린란드 원어와 뜻이 다르지 않느냐, 요즘 젊은이들에게 각시라는 낱말은 낯설지 않겠느냐 등등 여러 반대 의견이 있었지만 결국 '각시분홍바늘꽃'으로 정리되었다. 두고두고 아쉬운 이름이다.

첫 도감인 《다산과학기지 주변에서 볼 수 있는 북극 식물》을 펴낼 때 내가 찍은 식물 사진은 하나도 채택되지 않았다. 좋은 사진이 없었기 때문이다. 같은 장소에서 거의 비슷한 식물을 촬영했는데, 내가 찍은 것과 도감에 들어간 사진은 완전히 달랐다. 사진을 자세히 보니 식물을 바라보는 위치가 달랐다. 나는 그냥 식물을 위에서 내려다보며 멀리서 찍었는데, 다른 분들은 엎드려서 꽃과 눈높이를 맞추고 가까이서 사진에 담았다. 좋은 사진은 식물의 특징을 잘 보여준다. 2012년부터는 나도 최대한 가까이에서 근접 촬영하며 식물의 특징을 잡으려고 애썼다. 식물과 눈높이를 맞추니 위에서 내려다볼 때는 알 수 없었던 특징이 눈에 보이기 시작했다. 북극 식물은 키가 작아 대개 10센티미터도 되지 않는다. 꽃이나 잎도 100원짜리 동전보다 작다. 게다가 바람 부는 날이 많아 흔들리는 식물의 초점을 잡기도 어렵다. 이렇다 보니 사진을 찍을 때 무릎을 꿇는 것은 기본이고 땅바닥에 납작 엎드리는 경우도 많았다. 덕분에 두 번째 책에는 내가 찍은 사진도 제법 들어갔다.

《북극 툰드라에 피는 꽃》은 얼음과 추위를 이겨낸 108종의 식물 사진 600장을 담았다. 외국 과학자들에게 선물했더니 자기가 본 것 중 가장 좋은 도감이라고 엄지를 치켜세웠다. 자신이 받은 선물 중 최고라고 분도 있었다. 아마존에서는 찾을 수 없는데 책을 사려면 어떻게 해야 하느냐는 메일도 받았다. 이런 분들에게는 책을 선물로 보내주었다. 출장 갈 때마다 북극 지역 원주민 도서관에 기증하기도 한다. 알래스카나 아이슬란드, 노르웨이 북부나 그린란드에서 찍은 식물 사진을 정리하며 이 책을 활용한다는 여행자도 있다. 북극 식물 유전자를 연구하는 과학자들이 이 책을 보고 자기가 연구한 식물의 이름을 찾기도 한다. 이렇게 누군가에게 쓸모 있는 책을 만들어서 뿌듯하다.

한 번은 "북극 식물 중 무엇을 가장 좋아하세요?"라는 질문을 받았다. 나는 다 좋은데, 그래도 굳이 하나를 골라야 한다면 자주범의귀를 꼽겠다. 자주범의귀는 빙하가 사라진 황량한 땅에 가장 먼저 뿌리를 내리는 개척자 식물이다. 척박한 땅에 꽃을 피우는 자주범의귀처럼 우리는 척박한 툰드라 생태계 연구의 개척자다.

북극해의 얼음이 사라지면 우리나라 겨울이 추워진다

종종 이런 질문을 받는다.

"북극 연구가 우리한테 무슨 도움이 되죠?"

"뭐 하러 남의 땅에 가서 연구해요? 우리나라에도 연구할 게 많은데 꼭 북극까지 가야 하나요?"

북극 툰드라가 남의 땅인 것은 맞다. 북극해의 상당 부분도 북극권 국가에 속해 있고, 주인이 없어 우리도 자유롭게 들어갈 수 있는 공해(International Waters)는 얼마 되지 않는다. 북극해만 해도 한반도의 62배나 되는데, 그 넓은 곳에 들어가 연구하는 과학자는 전 세계에서 다 합쳐봐야 500명도 채 되지 않는다. 북극권 국가뿐만 아니라 중국, 일본, 인도, 영국, 독일, 프랑스, 스페인, 이탈리아, 네덜란드에서 온 과학자들이 북극을 연구하고 있다. 그래도 우리는 북극에서 엄청나게 빨리 벌어지고 있는 환경 변화를 제대로 파악하지 못하고 있다. 전 세계에서 우리나라가 차지하는 위상으로 볼 때 우리의 연구 활동은 한참 부족하다. 전 지구적 이슈인 기후 변화에 우리나라도 관심을 갖고 국제사회의 일원으로서 책임을 함께 져야 하지 않을까? 대한민국의 국격을 생각할 때 우리는 좀더 과감하게 북극 연구에 참여하고 좋은 성과로 기여해야 한다.

자연환경은 지도 위에 국경을 긋듯이 그렇게 딱딱 구분되지 않는다. 중국의 미세먼지더러 여기는 대한민국이니 들어오지 말라고 할 수가 없다. 북태평양 고기압이 일본을 넘어와 습하고 무더운 여름을 가져오고 시베리아 고기압이 우리에게 한파를 몰고 온다. 심지어 열대에서 만들어진 저기압이 북태평양을 타고 올라오면서 태풍이 되기도 한다. 이렇게 지구는 서로 연결되어 있다. 북극도 마찬가지다.

우리나라는 북위 37도, 중위도에 자리 잡고 있다. 북극권보다 한참 아래에 있다. 북극과 중위도 사이에는 시계 반대 방향으로 도는 거대한 공기의 흐름이 있는데, 이것을 '극소용돌이(Polar Vortex)'라고 부른다. 극소용돌이가 가운데서 커튼처럼 막아주고 있어 중위도의 따뜻한 공기와 북극의 차가운 공기가 서로 섞이지 못한다. 그런데 가끔 이 극소용돌이가 약해질 때가 있다. 그러면 북극의 차가운 공기가 중위도까지 내려온다. 일기 예보에서 "시베리아 고기압의 영향으로 당분간 추위가 지속되겠습니다"라고 할 때가 바로 이런 상황이다. 극소용돌이가 언제 약해지는지 안다면 날씨를 좀더 정확하게 예보할 수 있을 것이다.

과학자들도 여기에 관심을 가졌다. 문제는 극소용돌이가 가만히 한 군데 머물러 있는 게 아니라 수시로 움직인다는 것이다. 극소용돌이는 북위 60도 부근에서 가장 강하게 흐르지만 위치가 오르락내리락하기도 하고 약해졌다 세졌다 하기도 한다. 이 거대한 공기 덩어리를 어디에 붙잡아둘 수도 없다. 그렇다고 포기할 과학자들이 아니다. 그들은 끊임없이 자연 현상을 관찰했고, 공기의 흐름을 만들어내는 대기압에서 실마리를 찾았다.

과학자들은 북극해의 대기압과 중위도 북대서양과 북태평양 지역 대기압의 차이를 분석했다. 이 값을 북극진동지수(Arctic Oscillation Index)라고 부른다. 북극의 기압이 더 높으면 이 값은 0보다 크고, 중위도가 더 높으면 0보다 작아진다. 북극의 기압이 높으면 극소용돌이가 강하고, 반대로 중위도 기압이 더 높아 북극진동지수가 음의 값이면 극소용돌이가 약하다. 극소용돌이가 약하면 북극의 차가운 공기가 내려와서 얼마 뒤 중위도에 한파가 몰려오는 것이다. 한마디로 북극을 알면 겨울을 대비할 수 있다.

북극을 통해 겨울철 날씨를 좀더 정확하게 예측하면 우리 생활이 한층 좋아진다. 2010년 초였던 것 같다. 눈이 너무 많이 와서 지하철을 타고 출근하려다 지하철도 일부 구간을 운행할 수 없어 마비 상태라는 뉴스를 듣고 할 수 없이 차를 끌고 나간 적이 있다. 그냥 하루 휴가를 내고 집에 있고 싶은 마음이 굴뚝같았지만 그날따라 중요한 회의가 있어 할 수 없이 출근해야 했다. 그런데 얼마나 차가 많이 막히던지 1시간 걸리던 곳이 4시간 30분이나 걸렸다. 중간에 화장실에 가고 싶어서 혼이 났다. 이런 폭설을 예상했다면 미리 재난 예보를 하고 출근 시간을 변경하거나 제설 작업에 최선을 다할 수 있을 것이다.

날씨를 두세 달 미리 알면 기업에서는 온풍기나 전기난로, 패딩이나 코트를 얼마나 만들어야 할지 조정할 수 있다. 너무 적게 만들어서 부랴부랴 다시 제작해야 하는 상황도, 재고가 너무 많이 남아서 곤란한 상황도 피할 수 있다. 얼마나 추워지고 눈이 얼마나 올지 예상하면 스키장이나 여행사에서는 겨울 상품을 개발할 때, 하우스 농사짓는 분들은 비닐하우스를 설치할 때 참고할 수 있다. 우리의 일상도 좀더 예측 가능해진다. 롱패딩을 미리 사야 할지, 아니면 내년으로 구입을 미뤄도 될지 결정할 수 있다. 강원도 주민은 폭설을 대비할 때 겨울 식량을 얼마나 준비해둘지 가늠할 수 있다. 2016년 1월 폭설에 제주공항이 마비되어 승객 4500명이 발을 동동 구른 적이 있다. 하루 이틀 전에만 이런 상황을 예측했어도 관광객은 미리 제주도에서 나오거나 체류 일정을 연장해 이런 혼란은 피할 수 있었을 것이다. 일주일 전에 예측했다면 관광 일정을 조정했을지도 모른다. 물론 날씨를 두세 달 미리 안다면 그보다 좋을 수는 없을 것이다. 과연 그게 가능할까?

과학자들은 북극 해빙의 면적과 중위도 지역의 겨울철 날씨가 어떤 연관이 있는지 연구하고 있다. 북극해를 덮고 있던 얼음이 녹으면 바닷물이 공기와 맞닿기 때문에 수증기가 대기로 올라간다. 만일 올

여름에 북극해 얼음의 면적이 크게 줄어들면 평소보다 많아진 수증기 때문에 북극 주변에 눈이 더 많이 내린다. 북극은 빠르면 9월부터 눈이 내리기 시작하고 10월이면 많은 지역이 눈에 덮인다. 그런데 눈이 쌓이면 하얀 눈에 햇빛이 더 많이 반사되어 그 지역은 더 추워진다. 눈이 많이 와서 추워진 곳과 아직 눈이 오지 않아서 덜 추운 곳 사이에 온도 차이가 커지고 극소용돌이가 약해진다. 그러면 약해진 주변의 중위도에 한파가 몰려오고 폭설이 내린다. 따라서 북극해 해빙이 가장 줄어들 때 그 면적을 알면 올겨울이 얼마나 추울지 대략 예상할 수 있다.

나는 "올해 북극 해빙 면적이 역대 두 번째로 작았다"는 뉴스를 보면 올겨울은 추울 거라고 생각한다. 게다가 북극진동지수가 음수라고 하면 극소용돌이가 아래쪽으로 내려온 지역이 어딘지 확인해본다. 북극진동지수는 미국 국립해양대기국(NOAA) 누리집에서 누구나 볼 수 있다. 극소용돌이가 중위도로 내려온다고 해도 모든 지역이 똑같은 영향을 받는 것은 아니다. 파동에 따라 북극의 차가운 대기가 내려오는 곳도 있고 중위도의 따뜻한 대기가 올라가는 곳도 있다. 우리나라가 북극의 찬 공기가 내려오는 쪽에 속하면 진짜 한동안 추울 거라 생각하며 마음의 대비를 한다. 간혹 찬 공기가 갇히는 경우도 생기는데(이것을 블로킹이라고 한다), 이러면 우리나라 겨울의 삼한사온이 깨지고 1~2주일 동안 한파가 이어진다. 그저 갇혀 있는 찬 공기가 풀려나길 기다리는 수밖에 없다.

기후과학자들은 빠르면 2050년 여름에 북극해에서 얼음을 볼 수 없을 거라고 한다. 늦어도 2100년에는 얼음 없는 북극해를 볼 거라고 예측한다. 여름철 얼음이 완전히 사라지고 엄청난 양의 수증기가 북극 대기로 흘러 들어가면 과연 우리나라 날씨는 어떻게 변할까.

글을 마무리하며

이 책은 선물로 받은 한 권의 책에서 시작되었습니다. 2018년 3월 초, 아직 바람이 차가운 그때 선물로 받은 《랩 걸》을 한숨에 다 읽었습니다. 책을 읽는 내내 나의 대학원 시절이 떠오르며 나도 언젠가 그 시절 이야기를 묶어 '랩 맘'을 펴내고 싶다는 생각을 했지요. 하지만 《랩 걸》의 책장을 덮으며 이런 생각도 함께 접혔습니다.

2018년은 내 나이가 쉰 살에 들어선 해였습니다. 쉰 줄에 들어서자 갑자기 '정년'이라는 말이 의미 있게 다가왔지요. 사실 우리는 매 3년마다 계약을 다시 하기 때문에 10년 남은 정년까지 버티지 못할 수도 있었습니다. 점점 풍성해지는 나의 북극 경험과 반대로 점점 사그라드는 연구 능력으로 볼 때 정말 그럴 수도 있겠다 싶었습니다. 사실 내가 남긴 연구 논문을 읽는 사람은 전 세계에 얼마 되지 않습니다. 인류사에 내가 기여한 새로운 발견은 겨우 종이 한 장 두께밖에 되지 않는데, 도대체 나는 무엇을 더 남기고 갈 수 있을지 그때 무척 고민이 되었습니다.

정년 이후 내가 잘 할 수 있을 것 같은 일을 찾다 보니 글을 쓰는 것이 떠올랐습니다. 사실 지금도 과학의 세계에서는 정말 신기하고 재미있는 발견이 많이 일어나고 있는데, 그중 거의 대부분은 일반인에게 알려지지 않는답니다. 가끔 언론을 통해 전달되는 내용은 아주 단편적이거나 왜곡된 경우가 많고 수박 겉핥기 아니면 흥미만 자극하는 기사가 많습니다. 물론 개중에는 정확하고 신선한 과학 기사를 전하는 기자나 과학 칼럼니스트도 있지요. 과학의 건조한 지식을 우리 현실의 삶과 연결해서 맛있게 풀어주는 과학 커뮤니케이터도 점점 많아지고 있고요. 날마다 쏟아져 나오는 새로운 발견들을 깊이 파고들어 재미있게 전하는 과학 저술가가 되고 싶었습니다. 그때 누군가가 나중에는 글 못 쓴다며 지금 내 이야기를 써보라고 강하게 권했습니다.

내게 《랩 걸》을 보내준 변은숙 편집자와 내 이야기를 쓰도록 거듭 격려해준 이상민 작가, 투박한 글을 선뜻 책으로 펴내준 에코리브르 박재환 대표께 감사의 마음을 전합니다. 이 책은 소박하게 과학자를 꿈꾸던 변두리 소녀가 그 꿈을 이루는 과정에 함께해주신 분들께 드리는 감사 편지입니다. 미처 책의 본문에 다 담지 못한 분들이 있습니다. 서울대 조류학 연구실 가족들, 여성 과학자로서 첫 멘토가 되어주신 황미숙 박사님, 북극 연구 과제 책임자인 이방용 박사님과 '극지연구소' 동료들, 지난 20년 동안 연구실을 거쳐간 연구원들, 그리고 지금도 열심히 북극 툰드라 토양과 미생물을 연구하고 있는 '동토생태연구팀' 한 명 한 명에게 고마움을 전합니다. 사회에 관심을 갖고 행동하는 학자의 길을 보여주신 최재천 교수님, 북극 생태계 연구의 든든한 후원자이신 이은주 교수님께 감사드립니다. 내심 의사가 되길 바랐지만 대학 입학을 앞두고 식물학과를 선택했을 때 아쉬움과 서운함을 감추고 아무 말 없이 동의해주신 부모님, 인생의 고비고비마다 든든한 후원자가 되어주신 두 분께 감사드립니다. 때마다 맛있는 음식으로 냉장고를 채워주시는 시어머님, 지금도 출장 때마다 든든히 집을 지켜주시는 어머님께 감사드립니다. 자기중심적이어서 주변을 돌아보지 못한 시절에 넉넉한 마음으로 나를 품어준 두 동생과, 가끔은 이해되지 않지만 그보다 더 자주 행복한 미소를 짓게 하는 두 아이에게도 고마움을 전합니다. 무엇보다 20년 넘게 함께하며 변함없이 지지하고 응원해준 남편에게 사랑과 존경을 보냅니다. 남편의 온유함과 여유로움 덕분에 나의 딱딱함과 조급함이 많이 누그러졌습니다. 그리고 책 제목을 함께 고민해준 신상균 님과 순간순간 기도로 지원해준 모든 분께 감사드립니다.

돌이켜보면 과학자로서 나는 비주류였고 어딘가 얹혀사는 신세였습니다. 그건 사람들에게 주목받지 못하는 해조류를 선택할 때부터 정해진 길이었는지도 모릅니다. 그리고 여성으로 태어날 때부터 정해진 길일 수도 있습니다. 과학자 중에서도 여성은 비주류이고, 생물학 안에서도 조류학이나 극지생물학은 비주류이기 때문입니다.

게다가 나는 과학자로서 한 우물을 파지 못한 유목민이었습니다. 내가 소속된 기관의 성격에 따라, 연구비 상황에 따라 연구 주제가 계속 바뀌었습니다. 새로운 연구 주제를 앞에 두고 새롭게 공부하는 것이 매번 신나기만 한 것은 아니었습니다. 오히려 때로는 한 분야를 깊이 판 전문가가 아니라 여기저기 조금씩 기웃거리다 그만둔 실패자가 된 것 같아 괴롭기도 했습니다.

과학자로서 나의 길은 기대와 좌절, 과로와 피곤, 도전과 실패 그리고 크고 작은 성공으로 채워졌습니다. 이렇게 한 군데 자리 잡고 오래 연구를 할 수 있었던 것은 큰 행운입니다. 내게 월급을 주고 연구비를 대주신 분들, 대한민국에서 세금을 내신 모든 분께 그동안 정말 감사했다고, 물론 내가 판단을 잘못하거나 계획을 급하게 세우다 실패로 끝난 적도 있지만 그래도 세금을 허투루 쓰지 않으려 노력했다고 말씀드리고 싶습니다.

과학자를 꿈꾸는, 혹은 그 꿈을 주저하는 이들에게 이 책이 작은 격려가 되기를 바란다면 무리한 바람일까요? 세상에 100명의 과학자가 있다면 100가지 과학자의 삶이 있을 것입니다. 오늘도 우주생물학자를 꿈꾸는 젊은이의 메일을 받았습니다. 대학원 진학을 고민하는 메일이었습니다. 의외로 잘 알려지지 않은 것이 과학자의 삶인가 봅니다. 어떻게 하면 과학자가 될 수 있는지, 과학자가 되려면 무엇을 해야 할지 길을 묻는 학생들이 많습니다. 온전한 대답이 되지는 못하겠지만, 이 책이 과학자의 오솔길 하나를 보여주는 대답이 되기를 바랍니다. 기억에 남는 순간들을 정리하다 보니 힘들었던 일을 많이 적었는데, 사실 질문을 던지고 탐구하는 행복한 시간이 훨씬 더 많았답니다. (이 책을 읽고 과학자는 힘들다는 오해를 하지 않기를…….) 간단하고 재미있고 빠른 것을 추구하는 사람에게 과학은 복잡하고 어렵고 지루할 수 있습니다. 하지만 누군가 과학이 재미있는 사람도 있겠지요? 그렇다면 주저하지 말고 과학자의 길에 첫발을 내딛어보세요. 정직한 데이터로 세상 속에 숨어 있는 비밀을 알아낼 때 그 짜릿한 기쁨을 꼭 맛보기를 바랍니다.